TROUS NOIRS
ET BÉBÉS UNIVERS

STEPHEN HAWKING

TROUS NOIRS ET BÉBÉS UNIVERS

et autres essais

*Traduit de l'anglais
par René Lambert*

L'édition originale en langue anglaise de cet ouvrage est parue
chez Bantam Books sous le titre :
Black Holes and Baby Universes and Other Essays

© Stephen Hawking, 1993

Pour la traduction française :
© ÉDITIONS ODILE JACOB, JANVIER 1994

ISBN 978-2-7381-0227-0

Préface

Ce volume contient un ensemble d'essais que j'ai rédigés durant la période 1976-1992. Ils vont de l'esquisse autobiographique à des tentatives pour faire partager ma passion pour la science et pour l'Univers, en passant par la philosophie des sciences. La rédaction de ces essais s'étant étalée sur seize ans, ils reflètent ce qu'était alors l'état de mes connaissances, qui, j'espère, se sont accrues au cours des ans. J'ai donc indiqué la date et l'occasion pour lesquelles ils ont été rédigés. Chacun d'entre eux étant autonome, on trouvera inévitablement un certain nombre de répétitions. Je me suis efforcé de le réduire, mais il en subsiste quelques-unes.

Certains de ces essais étaient des conférences publiques. Mon élocution était si confuse que je devais m'exprimer par l'intermédiaire d'une autre personne, généralement l'un de mes étudiants de recherche, qui soit capable de me comprendre ou de lire un texte que j'avais écrit. Cependant, j'ai subi en 1985 une opération qui m'a complètement ôté la capacité de parler. Durant quelque temps, je me suis trouvé privé de tout moyen de communication. Finalement, je me suis doté d'un ordinateur et d'un excellent synthétiseur vocal. À ma grande surprise, je me suis découvert des qualités de conférencier qui me permettent de prendre la parole devant de vastes auditoires. J'adore donner des explications scientifiques et répondre à des questions. Je suis certain que j'ai encore beaucoup à apprendre, mais j'espère que je fais des progrès. Vous pourrez en juger par vous-même en lisant ces pages.

Je ne suis pas d'accord avec l'idée que l'Univers est un mystère, qu'on peut en avoir des intuitions, mais qu'il est impossible de l'analyser ou de le comprendre entièrement. Je trouve que cela ne rend pas justice à la révolution scientifique inaugurée il y a près de quatre siècles par Galilée et poursuivie par Newton. Ils ont montré que certaines régions au moins de l'Univers ne se comportent pas de manière arbitraire, mais sont gouvernées par des lois mathématiques précises. Depuis lors, nous avons étendu les travaux de Galilée et de Newton à presque toutes les régions de l'Univers. Nous connaissons aujourd'hui les lois mathématiques qui régissent toutes les situations normales. Le fait que nous soyons à présent obligés de dépenser des milliards de dollars à construire des machines géantes pour accélérer les particules à des niveaux d'énergie tels que nous ne savons pas encore ce qui se produira lors de leurs collisions témoigne de notre succès. Ces particules de très haute énergie ne se rencontrent pas sur Terre en temps normal : il peut donc sembler farfelu de dépenser des sommes importantes pour les étudier. Mais elles auraient dû être présentes dans l'Univers primordial, et nous devons donc découvrir ce qui se passe à de telles énergies si nous voulons comprendre comment l'Univers a commencé — et nous avec.

Il reste beaucoup de choses que nous ne connaissons ou ne comprenons pas dans l'Univers. Mais les progrès remarquables que nous avons effectués, en particulier au cours de ce siècle, devraient nous encourager à croire qu'une compréhension pleine et entière n'est peut-être pas hors de notre portée. Peut-être ne sommes-nous pas condamnés pour l'éternité à tâtonner dans l'obscurité, peut-être arriverons-nous à une théorie complète de l'Univers. Dans ce cas, nous deviendrons effectivement les Maîtres de l'Univers.

Les articles scientifiques de ce volume ont été rédigés avec la conviction que l'Univers est régi par un ordre que nous ne percevons aujourd'hui qu'en partie, mais que nous pourrions comprendre entièrement dans un avenir point trop éloigné. Il est possible que cet espoir ne soit qu'un mirage ; il se peut qu'il n'existe pas de théorie ultime, et même si elle existait, il se peut que nous ne la découvrions pas. Mais mieux vaut lutter pour accéder à une compréhension complète de l'Univers que désespérer de l'esprit humain.

Stephen Hawking,
31 mars 1993.

Chapitre 1

Enfance [1]

Je suis né le 8 janvier 1942, trois cents ans jour pour jour après la mort de Galilée. Cependant, j'estime qu'il a dû naître environ deux cent mille autres bébés ce jour-là. Je ne sais si l'un d'entre eux s'est plus tard intéressé à l'astronomie. Je suis né à Oxford, bien que mes parents aient résidé à Londres. La raison en est que Oxford était un bon endroit pour naître durant la guerre : les Allemands s'étaient mis d'accord pour ne bombarder ni Oxford ni Cambridge, en échange de quoi les Anglais s'abstenaient de bombarder Heidelberg et Göttingen. Il est bien dommage que ce genre d'arrangement civilisé n'ait pu être étendu à un plus grand nombre de villes.

Mon père vient du Yorkshire. Son grand-père, mon arrière-grand-père, avait été un fermier prospère. Mais il avait acheté trop de fermes et il a fait faillite lors

---

1. Cet essai et le suivant reprennent une causerie prononcée devant l'International Motor Neurone Disease Society à Zurich en septembre 1987 ; ils ont été complétés par des passages écrits en août 1991.

de la grande dépression agricole du début du siècle. Les parents de mon père se sont retrouvés en situation difficile, mais ils ont réussi à l'envoyer à Oxford, où il a étudié la médecine. Il s'est ensuite lancé dans la recherche en médecine tropicale. Il est parti pour l'Afrique orientale en 1935. Lorsque la guerre a éclaté, il a traversé toute l'Afrique pour trouver un bateau qui le ramène en Angleterre, où il a voulu s'engager dans l'armée. Mais on lui a répondu qu'il était plus utile dans la recherche médicale.

Ma mère est née à Glasgow. C'est la fille cadette d'un médecin généraliste qui avait sept enfants. Sa famille a déménagé dans le Devon alors qu'elle avait douze ans. Comme celle de mon père, sa famille n'était guère prospère. Ils ont néanmoins réussi à envoyer ma mère à Oxford, où elle est arrivée trois ans après mon père. Après cela, elle a occupé divers emplois, dont celui d'inspecteur des impôts, qu'elle n'aimait pas. Elle l'a abandonné pour devenir secrétaire. C'est ainsi qu'elle a rencontré mon père au début de la guerre.

Nous habitions Highgate, au nord de Londres. Ma première sœur, Mary, est née dix-huit mois après moi. Je ne lui ai pas fait bon accueil, paraît-il. Durant toute notre enfance une certaine tension a subsisté entre nous, qu'alimentait notre faible différence d'âge. Cependant, à l'âge adulte, cette tension a disparu, en même temps que nous partions chacun suivre notre propre voie. Elle est devenue médecin, ce qui a fait plaisir à mon père. Mon autre sœur, Philippa, est née alors que j'avais presque cinq ans ; j'étais alors en âge de comprendre ce qui se passait. Je me souviens avoir attendu son arrivée avec une certaine impatience, imaginant qu'elle serait un partenaire de plus pour nos jeux. C'était une enfant très sérieuse et perspicace. J'ai toujours respecté son jugement et ses opinions. Mon frère Edward est venu beaucoup plus tard, alors que j'avais quatorze ans. Il était différent de nous autres, car il n'avait aucun goût pour les études et les spéculations intellectuelles. C'était bon pour nous. Edward était un enfant plutôt difficile, mais on ne pouvait s'empêcher de l'aimer.

Dans mon premier souvenir, je me revois planté au milieu de la garderie de Byron House, à Highgate, hurlant à pleins poumons. Tout autour de moi, des enfants s'amusaient avec des jouets qui me semblaient merveilleux. J'aurais bien voulu participer, mais je n'avais que deux ans et demi, et c'était la première fois qu'on me laissait aux soins de gens que je ne connaissais pas. Je pense que mes parents ont été assez surpris de ma réaction, parce que j'étais leur premier enfant et ils obéissaient aux manuels d'éducation qui affirmaient que les enfants devaient commencer à nouer des relations sociales à deux ans. Mais ils m'ont repris après cette matinée effroyable et je ne suis retourné à Byron House qu'un an et demi plus tard.

À cette époque, pendant et juste après la guerre, Highgate était un quartier où habitaient beaucoup de chercheurs et d'universitaires. Dans un autre pays, on aurait dit des intellectuels, mais les Anglais n'ont jamais avoué compter parmi eux des intellectuels. Tous ces parents envoyaient leurs enfants à l'école de Byron House, qui était très progressiste pour l'époque. Je me souviens m'être plaint à mes parents qu'on ne m'y enseignait rien. Les instituteurs ne croyaient pas au matraquage répétitif qui était alors en vigueur. Au contraire, nous étions censés apprendre à lire sans nous rendre compte qu'on nous enseignait quelque chose. J'ai fini par apprendre à lire, mais ça n'a été qu'à l'âge plutôt tardif de huit ans. Ma sœur Philippa, qui a appris à lire selon des méthodes plus conventionnelles, a su lire à quatre ans. Mais elle était certainement plus brillante que moi.

Nous habitions une maison victorienne tout en hauteur que mes parents avaient achetée pour une bouchée de pain pendant la guerre, quand tout le monde croyait que Londres allait être rasée par les bombes. De fait, un V2 a atterri à quelques numéros de là. J'étais sorti avec ma mère et ma sœur au moment où cela s'est produit, mais mon père était à la maison. Heureusement, il n'a pas été blessé et la maison n'a pas subi de gros dégâts. Mais durant des années il est resté un grand cratère dans la rue, où j'allais jouer avec mon ami Howard, qui habitait trois numéros plus loin. Howard était pour moi une source de découvertes parce que ses parents n'étaient pas des intellectuels comme les parents de tous les autres enfants que je connaissais. Il allait à l'école publique et non à Byron House, et il s'y connaissait en football et en boxe, sports auxquels mes parents n'auraient pas imaginé qu'on puisse s'intéresser.

Un autre souvenir lointain est mon premier train modèle réduit. On ne fabriquait pas de jouets durant la guerre, en tout cas pas pour le marché intérieur. Mais j'avais une passion pour les modèles réduits de trains. Mon père avait essayé de me fabriquer un train en bois, mais j'étais resté sur ma faim, car je voulais quelque chose qui fonctionne. Il a donc acheté un train mécanique d'occasion, l'a réparé au fer à souder et me l'a offert pour Noël quand j'avais trois ans. Ce train ne marchait pas très bien, mais mon père est allé aux États-Unis après la guerre : lorsqu'il est revenu par le *Queen Mary*, il ramenait à ma mère des bas nylon, qu'on ne trouvait pas en Angleterre à cette époque ; ma sœur Mary a reçu une poupée qui fermait les yeux quand on la couchait, et moi, un train américain au complet avec chasse-buffle et circuit en huit. Je me souviens encore de ma joie en ouvrant le carton.

Les trains mécaniques étaient très bien, mais ce qu'il me fallait, c'était un train électrique. Je passais des heures à regarder l'installation d'un club de modèles réduits à Crouch End, près de Highgate. Je rêvais de trains électriques. Enfin, un jour où mes parents étaient partis tous les deux je ne sais où, j'ai saisi l'occasion pour retirer de mon compte d'épargne postale les maigres sommes qui m'avaient été offertes en diverses occasions, comme mon baptême, et je me suis servi de l'argent pour m'acheter un train électrique. Malheureusement, il ne fonctionnait pas très bien. Aujourd'hui, nous sommes avertis des droits des consommateurs : j'aurais dû ramener le train et demander au magasin ou au constructeur de me l'échanger, mais en ces temps on avait le sentiment que c'était un privilège d'acheter quelque chose et que c'était pas de chance si l'objet s'avérait défectueux. J'ai donc payé pour faire réparer le moteur électrique de la locomotive, mais il n'a jamais très bien marché.

Plus tard, adolescent, j'ai construit des modèles réduits d'avions et de bateaux. Je n'ai jamais été très adroit de mes mains, mais je faisais cela avec mon copain de classe John McClenahan, qui était bien meilleur que moi et dont le père avait un atelier dans sa maison. Mon but était toujours de construire des modèles que je puisse contrôler. Je me fichais pas mal de ce à quoi ils ressemblaient. Je crois que c'est la même veine qui m'a conduit à inventer une série de jeux compliqués avec un autre copain de classe, Roger

Ferneyhough. Il y avait un jeu de fabrication manufacturière au complet avec des usines où étaient produits des éléments de différentes couleurs, des routes et des voies de chemin de fer pour les transporter et une bourse aux marchandises. Il y avait un jeu de guerre qui se déroulait sur un panneau de quatre mille cases, et même un jeu féodal, dans lequel chaque joueur représentait une dynastie entière avec arbre généalogique. Je crois que ces jeux, de même que les trains, les bateaux et les avions, provenaient d'un besoin de comprendre comment les choses fonctionnent et de les contrôler. Depuis que j'ai entamé ma thèse, ce besoin a été comblé par mes recherches en cosmologie. Si vous comprenez comment l'Univers fonctionne, vous le contrôlez d'une certaine manière.

En 1950, le lieu de travail de mon père a déménagé de Hampstead, à côté de Highgate, au National Institute for Medical Research que l'on venait de construire à Mill Hill, à la périphérie nord de Londres. Plutôt que de faire le trajet depuis Highgate, il semblait raisonnable de quitter carrément Londres. Mes parents ont donc acheté une maison dans la ville-évêché de Saint Albans, à une quinzaine de kilomètres au nord de Mill Hill et à une trentaine de Londres. C'était une vaste maison victorienne, non dépourvue d'élégance et de caractère. Mes parents n'étaient pas très à l'aise à cette époque et ils ont dû y faire réaliser de nombreux travaux avant que nous puissions y emménager. Par la suite, mon père, en vrai natif du Yorkshire, a refusé de payer pour la moindre réparation. Il faisait de son mieux pour maintenir la maison en état et pour rafraîchir les peintures, mais c'était une grande maison et il n'était pas très doué pour ce genre de travaux. Cependant, elle était de construction solide et elle a bien résisté à ce laisser-aller. Mes parents l'ont vendue en 1985, quand mon père est tombé très malade (il est mort en 1986). Je l'ai revue récemment. Elle ne semblait pas avoir subi beaucoup de réparations et n'avait guère changé.

La maison avait été bâtie pour une famille servie par des domestiques : dans l'office, un panneau indiquait de quelles pièces provenaient les appels. Nous, bien sûr, n'avions pas de domestiques, mais ma première chambre a été une petite pièce en « L » qui avait dû être une chambre de bonne. Je l'avais demandée sur la suggestion de ma cousine Sarah, qui était légèrement plus âgée que moi et pour qui j'avais une grande admiration. Elle m'avait dit que nous pourrions bien nous y amuser. L'un des attraits de la pièce était qu'on pouvait sortir par la fenêtre en passant par le toit de la remise à bicyclettes.

Sarah était la fille de Janet, la sœur aînée de ma mère, qui avait fait des études de médecine et épousé un psychanalyste. Ils habitaient une maison du même genre à Harpenden, un village situé à une huitaine de kilomètres plus au nord. C'était l'une des raisons qui nous avaient fait nous installer à Saint Albans. La compagnie de Sarah était une aubaine pour moi et j'allais fréquemment en bus à Harpenden. Quant à Saint Albans, la ville s'élevait au voisinage des restes de l'ancienne cité romaine de Verulamium, qui avait été la plus importante colonie romaine après Londres. Au Moyen-Âge s'y trouvait le monastère le plus riche d'Angleterre. Il était construit autour du tombeau de saint Alban, un centurion romain qui était réputé avoir été la première personne exécutée en Angleterre pour sa foi chrétienne. Il ne subsistait de l'abbaye que l'église abbatiale, imposante et assez laide, et le pavillon d'entrée, qui était intégré dans le collège de Saint Albans que je devais fréquenter plus tard.

Saint Albans était un endroit quelque peu rassis et conservateur à côté de Highgate ou de Harpenden. Mes parents ne s'y sont guère fait d'amis. C'est en partie leur faute, car ils avaient un penchant naturel pour la solitude, en particulier mon père. Mais cela reflétait aussi une différence de population : aucun des parents de mes condisciples de Saint Albans ne pouvait être qualifié d'intellectuel.

À Highgate, notre famille avait paru plutôt normale, mais à Saint Albans, nous passions sans nul doute pour des excentriques. La conduite de mon père, qui se fichait des apparences si cela lui permettait de faire des économies, y contribuait certainement. Sa famille avait été très pauvre quand il était jeune et il en avait gardé une impression durable. Il n'a jamais pu se résoudre à dépenser de l'argent pour son confort personnel, même lorsque, vers la fin de sa vie, il aurait pu se le permettre. Il avait refusé de faire installer un chauffage central, alors qu'il souffrait du froid. Il préférait porter un empilement de pull-overs et une robe de chambre par-dessus ses vêtements de ville. Il était cependant très généreux envers les autres.

Comme il trouvait que nous n'avions pas les moyens de nous offrir une voiture neuve, il avait acheté un taxi londonien d'avant-guerre, et lui et moi avons construit une cabane en tôle préfabriquée pour lui servir de garage. Les voisins étaient outrés, mais ils ne pouvaient rien faire pour nous en empêcher. Comme la plupart des enfants, j'étais plutôt conformiste et mes parents me faisaient un peu honte. Mais ils ne s'en sont jamais soucié.

Lorsque nous sommes arrivés à Saint Albans, on

m'a envoyé à la High School for Girls, qui, malgré son nom, accueillait aussi des garçons jusqu'à l'âge de dix ans. Cependant, après un trimestre, mon père a entamé l'un de ses voyages quasi annuels en Afrique, cette fois pour une durée exceptionnellement longue d'environ quatre mois. Ma mère n'avait guère envie de rester seule tout ce temps ; alors elle nous a emmenés, moi et mes deux sœurs, visiter son ancienne amie d'école Beryl, qui avait épousé le poète Robert Graves. Ils vivaient dans un village nommé Deya, sur l'île de Majorque. Cela se passait cinq ans après la guerre et le dictateur espagnol Franco, qui avait été l'allié de Hitler et de Mussolini, était toujours au pouvoir. (À vrai dire, il devait y rester encore plus de deux décennies.) Cela n'a pas empêché ma mère, qui avait appartenu aux Jeunesses communistes avant la guerre, de se rendre à Majorque par train et par bateau, en compagnie de trois jeunes enfants. Nous avons loué une maison à Deya et passé un séjour merveilleux. Je partageais un précepteur avec le fils de Robert, William. Ce précepteur était un protégé de Robert, qui préférait se consacrer à l'écriture d'une pièce pour le festival d'Édimbourg qu'à son enseignement. Il nous assignait donc chaque jour la lecture d'un chapitre de la Bible [1], sur lequel nous devions écrire un essai. L'idée était de nous apprendre les beautés de la langue anglaise. Nous avions étudié toute la Genèse et une partie de l'Exode lorsque je suis reparti. L'un des principaux enseignements que j'en ai retiré était qu'il ne fallait pas commencer une phrase par « Et ». J'avais fait remarquer que la plupart des phrases de la Bible commen-

---

1. Dans la « Version autorisée », contemporaine du roi James Ier, qui reste la traduction en usage (Ndt).

çaient par « Et », mais on m'avait répondu que l'anglais avait changé depuis l'époque du roi James. Dans ce cas, plaidais-je, pourquoi nous faire lire la Bible ? En vain : Robert Graves était passionné par la symbolique et la mystique de la Bible à cette époque.

Lorsque nous sommes rentrés de Majorque, on m'a envoyé un an dans une autre école, puis j'ai passé l'examen intitulé *eleven-plus* [1]. C'était un test d'intelligence que subissaient alors tous les enfants désireux de suivre l'enseignement public. Il est aujourd'hui aboli, principalement parce qu'un certain nombre d'enfants issus des classes moyennes y échouaient et étaient envoyés vers des établissements de formation professionnelle. Mais je réussissais généralement bien mieux aux tests et aux examens qu'en classe ; j'ai donc passé mon *eleven-plus* et obtenu une place gratuite au collège local de Saint Albans.

À treize ans, mon père a voulu me faire entrer à Westminster School, l'une des principales *public schools* — par quoi il faut entendre écoles privées. À cette époque, il existait une division de classe tranchée dans l'enseignement. Mon père avait l'impression que son manque d'assurance et de relations sociales lui avait valu de passer après des gens moins capables mais dotés d'un meilleur pedigree. Mes parents n'étant pas riches, il me fallait obtenir une bourse. Mais j'étais malade le jour de l'examen et je ne l'ai pas passé. Je suis donc resté à l'école locale de Saint Albans, où j'ai reçu un enseignement tout aussi bon, sinon meilleur que celui que j'aurais eu à Westminster. Je n'ai jamais trouvé que mon absence de pedigree ait constitué un handicap.

À cette époque, l'enseignement britannique était très

---

1. Équivalent de l'entrée en sixième (NdT).

hiérarchisé. Non seulement les établissements étaient divisés entre enseignement général et enseignement professionnel, mais les établissements d'enseignement général étaient subdivisés en trois séries : A, B et C. Cela marchait bien pour ceux qui étaient en série A, moins bien pour ceux de la série B, et très mal pour ceux de la série C, qui s'en trouvaient découragés. Je suis arrivé en série A sur la base de mes résultats aux tests du *eleven-plus*. Mais tous ceux qui terminaient la première année au-delà de la vingtième place descendaient en série B. C'était un terrible coup au moral et certains ne s'en remettaient jamais. J'ai terminé les deux premiers trimestres respectivement vingt-quatrième et vingt-troisième, mais le troisième trimestre, j'ai fini dix-huitième. J'y ai donc échappé de justesse.

Je n'ai jamais fait mieux qu'arriver vers le milieu (c'était une classe très brillante). Mes cahiers étaient très mal tenus et mon écriture faisait le désespoir de mes professeurs. Mais mes condisciples me surnommaient « Einstein », ce qui laisse penser qu'ils voyaient des signes de quelque chose de mieux. Quand j'avais douze ans, un de mes amis a parié un sac de bonbons contre un autre que je n'arriverais jamais à rien. Je ne sais pas si le pari a été réglé, ni, dans ce cas, dans quel sens.

J'avais six ou sept amis proches, avec qui je suis en général resté en contact. Nous avions de longues discussions et des controverses sur les sujets les plus variés, des modèles télécommandés à la religion et de la parapsychologie à la physique. L'une des choses dont nous parlions était l'origine de l'Univers et la nécessité d'un Dieu pour le créer et le mettre en branle. J'avais entendu dire que la lumière des galaxies lointaines était décalée vers l'extrémité rouge du spectre et que c'était censé indiquer que l'Univers était en expansion. (Un décalage vers le bleu aurait signifié un mouvement de contraction.) Mais j'étais certain qu'il devait exister d'autres explications à ce décalage. Peut-être la lumière se fatiguait-elle et rougissait-elle en voyageant vers nous ? Un Univers essentiellement inchangé et éternel semblait bien plus naturel. Ce ne fut qu'au bout de deux années de recherches pour ma thèse que j'ai compris que j'avais tort.

Lors de mes deux dernières années dans le secondaire, je voulais me spécialiser en mathématiques et en physique. Il y avait un professeur de maths enthousiasmant, M. Tahta, et le collège venait de construire une nouvelle salle, qui était destinée aux matheux. Mais mon père y était très opposé. Il pensait qu'il n'y avait pas de travail pour les mathématiciens en dehors de l'enseignement. Il aurait vraiment aimé que je fasse médecine, mais je n'avais aucun intérêt pour la biologie, qui me paraissait trop descriptive et pas assez fondamentale. Ce n'était pas non plus une matière très prestigieuse : les élèves les plus brillants faisaient des mathématiques et de la physique, les autres étudiaient la biologie. Mon père savait que je ne ferais pas de biologie, mais il m'a poussé à étudier la chimie, plus un petit peu de mathématiques seulement. Il pensait que cela me laisserait un choix ouvert pour plus tard. Je suis aujourd'hui professeur titulaire de mathématiques, mais je n'ai plus reçu aucun enseignement officiel en mathématiques depuis que j'ai quitté le collège de Saint Albans à l'âge de dix-sept ans. J'ai dû apprendre ce que j'en sais au fur et à mesure que j'avançais. À une certaine époque, je suivais les étudiants de licence de Cambridge, alors que je n'avais qu'une semaine de cours d'avance sur eux.

Mon père était chercheur en médecine tropicale et il m'emmenait souvent à son laboratoire de Mill Hill. J'aimais beaucoup ces visites, en particulier regarder dans les microscopes. Il m'emmenait aussi à l'insectarium, où il conservait des moustiques infectés par des maladies tropicales. Cela m'inquiétait, parce qu'il semblait toujours y en avoir quelques-uns d'échappés de leurs boîtes. Il était très travailleur et entièrement dévoué à ses recherches. Il était un peu aigri parce qu'il avait l'impression que des gens moins forts que lui, mais issus du bon milieu et possédant les bonnes relations, lui étaient passés devant. Il me mettait en garde contre ces gens-là. Mais je crois que la physique est différente de la médecine. Peu importe quelle école vous avez fréquentée ou qui vous avez dans vos relations : ce qui compte, c'est ce que vous faites.

J'ai toujours été très intéressé par le fonctionnement des objets et j'avais l'habitude de les démonter pour voir comment ils marchaient, mais j'étais moins doué pour les remonter ensuite. Mes capacités pratiques n'ont jamais été à la hauteur de mes curiosités théoriques. Mon père encourageait mon intérêt pour les sciences ; il m'a même donné des leçons de mathématiques jusqu'au moment où j'en ai su plus que lui. Étant donné cette formation et le métier de mon père, il me paraissait naturel de me tourner vers la recherche scientifique. Quand j'étais petit, je ne faisais pas de différence entre une discipline et une autre. Mais à partir de treize ou quatorze ans, j'ai su que je voulais faire de la recherche en physique, parce c'était la plus fondamentale des sciences. Pourtant, la physique était la matière la plus ennuyeuse qui soit à l'école, tellement les problèmes étaient faciles. La chimie était bien plus amusante à cause de ses imprévus, comme les explosions. Mais la physique et l'astronomie offraient l'espoir de comprendre d'où nous venions et pourquoi nous étions là. Je voulais sonder les profondeurs de l'Univers. Dans une faible mesure, j'y ai peut-être réussi, mais il reste encore bien des choses que j'ai envie de savoir.

Chapitre 2

Oxford et Cambridge

Mon père insistait beaucoup pour que j'aille à Oxford ou à Cambridge. Lui-même avait suivi les cours d'University College à Oxford ; il me conseillait donc d'y demander mon inscription, car c'était là que j'aurais le plus de chances d'être accepté. À cette époque, il n'y avait pas de chaire de mathématiques à University College, ce qui était pour lui une raison supplémentaire de me faire étudier la chimie : je pourrais essayer d'obtenir une bourse en sciences naturelles plutôt qu'en mathématiques.

Le reste de la famille est allé passer un an en Inde, mais j'ai dû rester en Angleterre pour préparer mon examen d'entrée à l'université. Mon principal me trouvait trop jeune pour tenter Oxford, mais je suis allé passer l'examen d'accès aux bourses en mars 1959, en même temps que deux élèves de l'année supérieure à la mienne. J'étais certain d'avoir échoué, et j'étais très déprimé lorsque, pendant l'examen pratique, j'ai vu des assistants venir parler avec d'autres candidats mais pas avec moi. Puis, quelques jours après mon retour d'Oxford, j'ai reçu un télégramme m'annonçant que j'avais décroché une bourse.

J'avais dix-sept ans, et la plupart des autres étudiants de mon année avaient fait leur service militaire et étaient beaucoup plus âgés. Je me suis retrouvé très seul durant ma première année et une partie de la deuxième. Ce n'est qu'à partir de la troisième que j'ai réellement été heureux. À cette époque, l'attitude en vigueur à Oxford consistait à ne pas travailler. Soit on était capable de briller sans efforts, soit on acceptait ses limites et on se contentait d'un diplôme sans mention. Travailler pour arriver à mieux était la marque des tâcherons, la pire épithète dans le vocabulaire oxonien.

Le cours de physique à Oxford était organisé d'une manière propice à l'oisiveté. J'ai passé un examen d'entrée, puis en trois ans à Oxford, je n'ai plus subi d'autres examens que les examens de sortie. J'ai calculé un jour que j'avais travaillé environ un millier d'heures au cours de ces trois années, soit une moyenne d'une heure par jour. Je ne suis pas fier de ce peu de travail ; je décris simplement mon attitude de l'époque, que je partageais avec la majorité de mes condisciples : je m'ennuyais profondément et j'avais le sentiment que rien ne valait la peine de faire un effort. Un des résultats de ma maladie a été de changer tout ça : lorsqu'on est confronté à l'éventualité d'une mort anticipée, on comprend que la vie vaut la peine d'être vécue et qu'il y a beaucoup de choses à faire.

Du fait de ce manque de travail, j'avais projeté de passer mes examens de sortie en me concentrant sur les problèmes de physique théorique et en évitant toute question qui nécessite des connaissances factuelles. Cependant, j'étais trop nerveux pour dormir la veille de l'examen. Je n'ai donc pas très bien réussi : j'étais à la limite entre une mention « très bien » et une mention « bien », et j'ai dû passer devant le jury afin qu'ils puissent se décider. Ils m'ont interrogé sur mes projets et j'ai répondu que je voulais faire de la recherche. S'ils me mettaient « très bien », j'irais à Cambridge. Si je n'avais que « bien », je serais resté à Oxford. Ils m'ont mis « très bien ».

Il me semblait qu'il existait deux domaines de la physique théorique qui étaient fondamentaux et où je pourrais travailler. L'un était la cosmologie, l'étude du très grand. L'autre était les particules élémentaires, l'étude du très petit. Cependant, les particules élémentaires m'attiraient moins parce que, alors qu'on trouvait sans cesse de nouvelles particules, il n'existait pas de théorie qui puisse en rendre compte. Tout ce qu'on savait faire, c'était ranger les particules dans des familles, comme en botanique. En cosmologie, en revanche, il existait une théorie bien définie : la théorie de la relativité générale d'Einstein.

En ce temps-là, personne à Oxford ne travaillait sur la cosmologie, mais à Cambridge il y avait Fred Hoyle, le plus éminent astronome britannique de l'époque. J'ai donc posé ma candidature à une thèse de doctorat avec Hoyle. Celle-ci a été acceptée, à la condition que j'obtienne une mention « très bien ». Mais, à mon grand dépit, mon directeur de thèse n'était pas Hoyle, mais un certain Dennis Sciama, dont je n'avais jamais entendu parler. En fin de compte, cela s'est avéré très positif : Hoyle voyageait beaucoup et je ne l'aurais sans doute pas vu souvent. Sciama, lui, était là, et il était toujours stimulant, même si j'étais souvent en désaccord avec lui.

Je n'avais pas fait beaucoup de mathématiques, ni

dans le secondaire ni à Oxford ; j'ai donc eu de grandes difficultés à aborder la relativité générale et mes progrès ont été très lents. De plus, durant ma dernière année à Oxford, j'avais remarqué que je devenais assez maladroit dans mes mouvements. Peu après mon arrivée à Cambridge, on m'a diagnostiqué une SLA, ou sclérose latérale amyotrophique (que l'on appelle aussi maladie des neurones moteurs en Angleterre et maladie de Lou Gehrig aux États-Unis [1]). Les médecins ne pouvaient me proposer aucun traitement, ni aucune garantie que mon état n'empirerait pas.

Au début, la maladie progressait très rapidement. Cela ne semblait pas rimer à grand-chose de travailler à ma recherche, parce que je n'espérais pas vivre suffisamment longtemps pour finir ma thèse. Puis, avec le temps, la maladie a paru ralentir sa progression. J'avais aussi commencé à comprendre la relativité générale et à faire des progrès dans mon travail. Cependant, ce qui a réellement fait la différence, c'est que je m'étais fiancé avec une fille du nom de Jane Wilde, que j'avais rencontrée vers l'époque où l'on m'avait diagnostiqué la SLA. Cela m'a donné une raison de vivre.

Si nous voulions nous marier, il fallait que j'aie un travail. Et pour avoir un travail, il fallait que je finisse ma thèse. Je me suis donc mis sérieusement au travail pour la première fois de ma vie. À ma grande surprise, j'ai découvert que j'aimais ça. Ce n'est peut-être pas vraiment honnête d'appeler ça un travail. Quelqu'un a dit un jour que les scientifiques étaient des prostitués qui se faisaient payer pour le plaisir qu'ils prennent.

J'ai posé ma candidature à un poste de chercheur à

---

1. En France : maladie de Charcot (NdT).

Gonville and Caius College (prononcer « kîz »). J'espérais que Jane dactylographierait ma demande, mais lorsqu'elle est venue me rendre visite à Cambridge, elle avait le bras dans le plâtre. Je dois reconnaître que j'ai moins compati que je n'aurais dû. Cependant, c'était son bras gauche ; elle a donc pu rédiger ma demande à la main suivant ma dictée, et j'ai trouvé quelqu'un d'autre pour la taper.

Il fallait que je joigne à ma demande les noms de deux personnes qui pourraient fournir des références sur mon travail. Mon directeur de thèse m'a suggéré de demander à Herman Bondi d'être l'un d'eux. Bondi était alors professeur de mathématiques à Kings College, à Londres, et spécialiste de la relativité générale. Je l'avais rencontré plusieurs fois et il avait présenté un de mes articles aux *Proceedings of the Royal Society*. Je lui ai fait ma requête à l'issue d'une conférence qu'il était venu donner à Cambridge. Il m'a regardé d'un air absent et m'a répondu que oui, il le ferait. Manifestement, il ne se souvenait pas de moi, car, lorsque le collège lui a écrit pour lui demander sa référence, il a répondu qu'il n'avait jamais entendu parler de moi. De nos jours, il y a tant de demandes de postes de chercheurs que si le répondant d'un candidat déclarait tout ignorer de lui, c'en serait fini de ses chances. Mais c'était une époque plus tranquille. Le collège m'a alors écrit pour me rapporter la réponse embarrassante de mon répondant. Mon directeur de thèse a appelé Bondi et lui a rafraîchi la mémoire. Bondi m'a alors écrit une référence qui était probablement bien plus élogieuse que je ne le méritais. Quoi qu'il en soit, j'ai obtenu le poste, et depuis lors, je suis membre de Caius College.

Le poste acquis, nous pouvions nous marier, ce que

nous avons fait en juillet 1965. Nous avons passé une semaine de lune de miel dans le Suffolk, ce qui était le mieux que je puisse nous offrir. Nous sommes ensuite allés à une université d'été sur la relativité générale dans le nord de l'État de New York. C'était une erreur. Nous logions dans un dortoir qui était plein de couples aux enfants bruyants, et notre mariage a été mis à rude épreuve. À d'autres égards, cependant, cette université d'été m'a été très profitable, car j'y ai rencontré beaucoup des principaux spécialistes du domaine.

Jusqu'en 1970, mes recherches concernaient la cosmologie, l'étude de l'Univers à grande échelle. Mon travail le plus important durant cette période a concerné les singularités. Les observations des galaxies lointaines indiquent qu'elles s'éloignent de nous : l'Univers est en expansion. Cela implique que les galaxies ont dû être plus rapprochées dans le passé. La question qui se pose alors est la suivante : y a-t-il eu un instant dans le passé où toutes les galaxies étaient les unes sur les autres et où la densité de l'Univers était infinie ? Ou bien y a-t-il eu auparavant une phase de contraction où les galaxies ont réussi à s'éviter les unes les autres ? Peut-être se sont-elles croisées et ont-elles commencé à s'écarter les unes des autres. Répondre à cette question nécessitait de nouvelles techniques mathématiques. Celles-ci ont été développées entre 1965 et 1970, principalement par Roger Penrose et par moi-même. Penrose était alors à Birkbeck College, à Londres ; à présent, il est à Oxford. Nous avons utilisé ces techniques pour montrer qu'il avait dû exister un état de densité infinie dans le passé si la théorie de la relativité générale était juste.

Cet état de densité infinie s'appelle la singularité du *big bang*. Il signifierait que la science ne serait pas capable de prédire la manière dont l'Univers a commencé, si la théorie de la relativité générale est juste. Cependant, mes travaux les plus récents indiquent qu'il est possible de prédire la manière dont l'Univers a commencé si l'on prend en compte la mécanique quantique, la théorie de l'infiniment petit.

La relativité générale prédit aussi que les étoiles massives vont s'effondrer sur elles-mêmes lorsqu'elles auront épuisé leur combustible nucléaire. Le travail que Penrose et moi avons fait a montré qu'elles continueraient de s'effondrer jusqu'à ce qu'elles atteignent un état de densité infinie. Cette singularité représenterait une fin du temps, au moins pour l'étoile et tout ce qui s'y trouve. Le champ gravitationnel de la singularité serait si intense que la lumière ne pourrait plus s'échapper de toute une région environnante, mais resterait captive. La région dont rien ne peut s'échapper s'appelle un « trou noir » et sa frontière l'« horizon d'événement ». Toute chose ou tout être qui traverse l'horizon d'événement pour tomber dans le trou noir arrivera à une fin du temps à la singularité.

Un soir de 1970, peu après la naissance de ma fille Lucy, je réfléchissais aux trous noirs en me couchant. Soudain, j'ai réalisé que nombre des techniques que Penrose et moi avions développées pour prouver les singularités pouvaient être appliquées aux trous noirs. En particulier, la surface de l'horizon d'événement, la frontière du trou noir, ne pouvait diminuer avec le temps. Et lorsque deux trous noirs entraient en collision et s'unissaient pour former un unique trou noir, la surface de l'horizon du trou noir résultant serait plus grande que la somme des surfaces des horizons des trous noirs originaux. Cela mettait une limite importante à la quantité d'énergie qui pouvait être émise lors de la collision. J'étais tellement excité que je n'ai guère dormi au cours de cette nuit-là.

De 1970 à 1974, j'ai travaillé principalement sur les trous noirs. Mais en 1974, j'ai fait ma découverte peut-être la plus étonnante : les trous noirs ne sont pas complètement noirs ! Lorsqu'on prend en compte le comportement de la matière à petite échelle, particules et rayonnement peuvent s'échapper d'un trou noir. Le trou noir émet du rayonnement comme si c'était un corps chaud.

Depuis 1974, je travaille à combiner la relativité générale et la mécanique quantique en une théorie cohérente. L'un des résultats a été une proposition que j'ai faite en 1983 avec Jim Hartle de Santa Barbara : le temps et l'espace sont d'étendue finie, mais sans limite ni bord. Ils seraient comme la surface de la Terre, mais avec deux dimensions de plus. La Terre a une superficie finie, mais elle n'a pas de bord. Au cours de tous mes voyages, je n'ai jamais réussi à tomber du bord du monde. Si cette proposition est correcte, il n'y aurait pas de singularité et les lois de la science vaudraient partout, y compris au commencement de l'Univers. La manière dont l'Univers a commencé serait déterminée par les lois de la science. J'aurais réussi dans mon ambition de découvrir *comment* l'Univers a commencé. Mais je ne sais toujours pas *pourquoi*.

Chapitre 3

Mon expérience de la maladie [1]

On me demande souvent : qu'est-ce que ça vous fait d'avoir la SLA ? La réponse est : pas grand-chose. J'essaie de mener une vie aussi normale que possible, de ne pas penser à ma maladie, de ne pas regretter les choses qu'elle m'empêche de faire, qui ne sont pas si nombreuses.

Cela a été un grand choc pour moi d'apprendre que j'étais atteint de sclérose latérale amyotrophique. Enfant, je n'avais jamais eu une très bonne coordination physique. Je ne valais rien aux jeux de balle ; c'est sans doute pourquoi je n'avais guère de goût pour les activités physiques et sportives. Il y a eu un peu de changement lorsque je suis allé à Oxford. Je me suis mis à ramer et à barrer. Je n'étais pas du niveau du match annuel contre Cambridge, mais je me débrouillais dans les compétitions entre collèges.

Durant ma troisième année à Oxford, cependant, j'ai

1. Causerie donnée au congrès de la British Motor Neurone Disease Association, Birmingham, octobre 1987.

remarqué que je devenais de plus en plus maladroit, et il m'est arrivé de tomber sans raison apparente. Mais ce n'est que lorsque je suis arrivé à Cambridge, l'année suivante, que ma mère s'en est rendu compte et m'a emmené voir notre médecin de famille. Celui-ci m'a adressé à un spécialiste et, peu après mon vingt et unième anniversaire, je suis entré à l'hôpital pour subir une série de tests. On m'a prélevé un échantillon musculaire dans le bras, fiché des électrodes dans le corps et injecté un fluide opaque à la radio dans la moelle épinière pour le regarder couler dans un sens et dans l'autre aux rayons X tandis qu'on inclinait mon lit. Après tout ça, on ne m'a pas dit ce que j'avais, sauf qu'il ne s'agissait pas d'une sclérose multiple et que j'étais un cas atypique. J'ai compris néanmoins qu'on s'attendait à ce que mon état empire et qu'on ne pouvait rien faire d'autre que me donner des vitamines, dont on ne semblait pas espérer grand-chose. Je n'avais guère envie de demander des détails supplémentaires, parce que, manifestement, ça ne pouvait être que mauvais.

Découvrir que j'étais atteint d'une maladie incurable, qui avait de bonnes chances de me tuer d'ici quelques années, fut un choc pour moi. Comment une chose pareille pouvait-elle m'arriver ? Pourquoi faudrait-il que je disparaisse comme ça ? Cependant, tandis que j'étais à l'hôpital, j'avais vu un garçon que je connaissais vaguement mourir de leucémie dans le lit qui me faisait face. Ça n'avait pas été beau à voir. Il y avait manifestement des gens qui étaient beaucoup plus mal en point que moi. Au moins, mon état ne me faisait pas me sentir malade. Chaque fois que je me sens d'humeur à m'apitoyer sur moi-même, je repense à ce garçon.

Ne sachant pas ce qui allait m'arriver ni à quelle vitesse la maladie allait progresser, je ne savais pas très bien quoi faire de moi-même. Les médecins m'ont dit de retourner à Cambridge et de continuer les recherches que je venais de commencer en relativité générale et en cosmologie. Mais je ne faisais pas beaucoup de progrès, parce que je manquais de bases en mathématiques — et, de toute façon, je risquais de ne pas vivre suffisamment longtemps pour finir ma thèse. Je me prenais un peu pour un personnage de tragédie. Je me suis mis à écouter du Wagner, mais les histoires rapportées par les magazines selon lesquelles je buvais abondamment sont exagérées. Le problème est qu'une fois qu'un journal l'a écrit, les autres lui ont emboîté le pas parce que ça faisait une bonne histoire. Et une histoire qui a été imprimée autant de fois doit être vraie.

Mes rêves de cette époque étaient assez détraqués. Avant qu'on ne diagnostique ma maladie, j'avais été très las de l'existence. Rien ne me semblait valoir la peine d'être fait. Mais peu après ma sortie de l'hôpital, j'ai rêvé que j'allais être exécuté. J'ai soudain réalisé qu'il y avait des tas de choses qui valaient la peine d'être faites, si j'avais un sursis. Dans un autre rêve que j'ai fait plusieurs fois, je sacrifiais ma vie pour en sauver d'autres. Après tout, si je devais mourir de toute façon, autant que cela serve à quelque chose.

Mais je ne suis pas mort. En fait, alors même qu'un nuage planait au-dessus de mon avenir, j'ai découvert, à ma grande surprise, que je goûtais beaucoup plus la vie à présent qu'auparavant. Je commençais à avancer dans ma recherche, je me suis fiancé, puis marié, et j'ai obtenu une bourse de recherche à Caius College, à Cambridge.

Le poste à Caius a réglé mon problème d'emploi dans l'immédiat. J'avais de la chance d'avoir choisi de travailler en physique théorique, parce que c'était l'un des rares domaines où mon état de santé ne représenterait pas un gros handicap. Et j'ai aussi eu de la chance que ma réputation scientifique ait augmenté au moment même où mon état s'aggravait. Cela a eu pour conséquence que les gens ont été prêts à m'offrir des postes de recherche pure, sans charge d'enseignement.

Nous avons aussi eu de la chance pour notre logement. Lorsque nous nous sommes mariés, Jane était toujours étudiante à Westfield College : elle devait donc passer la semaine à Londres. Cela signifiait que nous devions trouver un endroit où je puisse me débrouiller tout seul et qui soit très central, parce que je ne pouvais pas marcher longtemps. J'ai demandé au collège si on pouvait m'aider, mais l'intendant de l'époque m'a répondu que la règle du collège était de laisser les enseignants se débrouiller tout seuls. Nous nous sommes donc inscrits pour louer un appartement dans un immeuble qui se construisait sur la place du marché. (Des années plus tard, j'ai découvert que ces appartements appartenaient en fait au collège, mais on ne m'en avait rien dit.) Mais lorsque nous sommes rentrés à Cambridge après notre été aux États-Unis, nous avons découvert que les appartements n'étaient pas prêts. Comme s'il nous faisait une grande faveur, l'intendant nous a offert une chambre dans un foyer pour étudiants de troisième cycle. Il nous a dit : « Normalement, nous faisons payer douze shillings et six pence la nuit pour cette chambre. Mais, comme vous serez deux, il vous en coûtera vingt-cinq shillings. »

Nous n'y sommes restés que trois nuits. Puis, nous avons trouvé une petite maison à une centaine de mètres de mon département à l'université. Elle appartenait à un autre collège, qui l'avait louée à l'un de ses enseignants. Celui-ci venait de déménager en banlieue et il nous a sous-loué la maison pour les trois mois de bail qui lui restaient. Au cours de ces trois mois, nous avons découvert qu'une autre maison de la même rue était vide. Un voisin a fait venir la propriétaire du Dorset et lui a dit que c'était un scandale de laisser sa maison vide quand des jeunes gens cherchaient à se loger ; elle nous a donc loué la maison. Après y avoir vécu quelques années, nous avons voulu l'acheter et la rénover ; nous avons donc demandé un prêt à mon collège. Le collège a fait une enquête et décidé que c'était trop risqué de nous prêter de l'argent ; en fin de compte, nous avons trouvé un emprunt auprès d'une société de crédit immobilier et mes parents nous ont donné l'argent pour les travaux.

Nous avons vécu encore quatre ans dans cette maison, jusqu'à ce que monter l'escalier devienne trop difficile pour moi. À ce moment-là, le collège avait commencé à mieux m'apprécier et l'intendant avait changé. On nous a donc offert un appartement au rez-de-chaussée dans une maison appartenant au collège. Celui-ci me convenait parfaitement, parce qu'il avait de vastes pièces et de larges portes. Il était suffisamment central pour que je puisse aller à mon département ou au collège en fauteuil roulant électrique. Il était aussi parfait pour nos trois enfants, puisqu'il était entouré d'un jardin entretenu par les jardiniers du collège.

Jusqu'en 1974, j'ai été capable de manger, de me lever et de me coucher tout seul. Jane a pu m'aider et élever deux enfants sans aide extérieure. Néanmoins, cela devenait de plus en plus difficile ; nous avons donc commencé à accueillir un de mes étudiants de doctorat chez nous. En échange de son logement et de mon attention toute particulière, il m'aidait à me lever et à me coucher. En 1980, nous sommes passés à un système d'infirmières municipales et privées, qui venaient une ou deux heures matin et soir. Cela a duré jusqu'à ce que j'attrape une pneumonie en 1985. J'ai dû subir une trachéotomie ; après cela, il m'a fallu une infirmière à demeure. Cela a été rendu possible par des bourses allouées par plusieurs fondations.

Avant l'opération, mon élocution était devenue de plus en plus confuse, si bien que seules quelques personnes qui me connaissaient bien arrivaient à me comprendre. Mais, au moins, je pouvais communiquer. J'écrivais des articles scientifiques que je dictais à une secrétaire et je donnais des séminaires par l'intermédiaire d'un interprète qui répétait plus distinctement ce que je disais. Mais la trachéotomie m'a totalement privé de la capacité de parler. Durant un temps, le seul moyen de communication qui me soit resté était d'épeler les mots lettre par lettre, en haussant les sourcils quand on me désignait la bonne lettre sur une carte. Il n'est pas facile de mener une conversation de la sorte ; écrire un article est pire encore. Cependant, un informaticien californien, Walt Woltosz, a eu vent de ma triste situation. Il m'a envoyé un programme qu'il avait écrit, qui s'appelait Equalizer. Celui-ci me permet de sélectionner des mots dans une série de menus affichés à l'écran en pressant un bouton dans ma main. Le programme peut aussi être contrôlé par un mouvement de la tête ou de l'œil. Lorsque j'ai assemblé ce que je veux dire, je peux l'envoyer à un synthétiseur vocal. Au début, je faisais tourner Equalizer sur un micro-ordinateur de bureau. Puis David Mason de Cambridge Adaptative Communications a monté un petit ordinateur portable et un synthétiseur vocal sur mon fauteuil roulant. Ce système me permet de communiquer beaucoup mieux qu'auparavant. J'arrive à quinze mots par minute. Je peux « prononcer » ce que j'ai écrit ou le sauvegarder sur un disque dur. Je peux alors l'imprimer, ou le rappeler et le « prononcer » phrase après phrase, comme je le fais en ce moment. À l'aide de ce système, j'ai écrit un livre ainsi qu'un certain nombre d'articles scientifiques. J'ai aussi donné des communications scientifiques et des conférences pour le grand public. Elles ont été bien accueillies. Je pense que cela tient pour une bonne part à la qualité du synthétiseur vocal, qui est l'œuvre de Speech Plus. C'est très important d'avoir une bonne voix. Si vous avez une voix pâteuse, les gens vont vous traiter comme un débile mental. Ce synthétiseur est de loin le meilleur que j'aie entendu, parce qu'il varie l'intonation et ne parle pas comme un Dalek. Le seul problème est qu'il me donne un accent américain. Mais je suis habitué à y reconnaître ma voix. Je ne voudrais pas en changer, même si on m'offrait une voix à l'accent britannique. J'aurais l'impression de ne plus être le même.

J'ai eu une sclérose latérale amyotrophique durant pratiquement toute ma vie adulte. Pourtant, cela ne m'a pas empêché d'avoir une belle famille et de réussir dans mon travail. J'en suis redevable à l'aide que j'ai reçue de ma femme, de mes enfants et d'un grand nombre de gens et d'organismes. J'ai eu de la chance, car mon état s'est dégradé beaucoup plus lentement que ce n'est généralement le cas. Cela montre qu'il ne faut jamais perdre espoir.

Chapitre 4

L'attitude du public
envers les sciences [1]

Que cela nous plaise ou non, le monde dans lequel nous vivons a beaucoup changé au cours de ce siècle et il est probable qu'il changera encore plus au cours du siècle prochain. Certains aimeraient mettre fin à ces changements pour revenir à un âge qu'ils disent plus pur et plus simple. Mais, comme le montre l'histoire, le passé n'était pas si merveilleux. Il n'était pas si mal pour une minorité de privilégiés, même si eux aussi devaient se passer de la médecine moderne et même si l'accouchement n'était jamais sans danger pour les femmes ; mais pour une large majorité de la population, la vie était mauvaise, bestiale et brève.

De toute façon, même si on le voulait, il serait impossible de remettre la pendule à une époque antérieure. Les savoirs et les techniques ne s'oublient pas comme ça. On ne peut pas non plus empêcher que de nouveaux

---

1. Discours prononcé à Oviedo (Espagne) lors de la remise du prix « Harmonie et Concorde » fondé par le prince des Asturies, en octobre 1989. Le texte a été remis à jour.

progrès apparaissent dans l'avenir. Même si le gouvernement cessait totalement de financer la recherche (et l'actuel gouvernement britannique s'y emploie de son mieux), la vigueur de la concurrence entre les entreprises susciterait toujours des progrès technologiques. Et personne ne peut empêcher des esprits curieux de réfléchir aux sciences fondamentales, qu'ils soient payés ou non pour cela. La seule façon d'empêcher tout nouveau développement serait d'installer un État totalitaire mondial qui interdise toute nouveauté ; mais l'initiative et l'ingéniosité humaines sont telles qu'il ne pourrait qu'échouer. Il ne ferait que ralentir le rythme du changement.

Si nous acceptons le fait que nous ne pouvons empêcher les sciences et la technologie de changer notre monde, nous pouvons au moins essayer de faire en sorte que ces changements aillent dans la bonne direction. Dans une société démocratique, cela signifie qu'il est nécessaire que le public ait une compréhension élémentaire des sciences, afin qu'il puisse prendre des décisions en connaissance de cause, sans devoir s'en remettre entièrement aux experts. Aujourd'hui, le grand public a une attitude plutôt ambivalente envers les sciences. Les gens comptent sur la hausse régulière du niveau de vie que leur procurent les nouveaux développements scientifiques et technologiques ; en même temps, ils se méfient des sciences parce qu'ils ne les comprennent pas. Cette méfiance est illustrée par le personnage du savant fou qui s'efforce de fabriquer un nouveau monstre de Frankenstein dans son laboratoire. Cela explique aussi une bonne part du soutien accordé aux partis écologistes. Mais le public s'intéresse aussi beaucoup aux sciences, à l'astronomie en particulier, comme le montre le franc succès qu'obtiennent des émissions télévisées comme *Cosmos* et la science-fiction.

Comment faire pour utiliser cet intérêt afin de donner au grand public la culture scientifique qui lui est nécessaire pour prendre des décisions raisonnées sur des questions telles que les pluies acides, l'effet de serre, les armes nucléaires ou le génie génétique ? Manifestement, il faut s'appuyer sur ce qui est enseigné dans les écoles. Mais à l'école, les sciences sont présentées de manière sèche et inintéressante. Les enfants apprennent leurs leçons sans essayer de les comprendre, dans le seul but de passer les examens, et ils ne perçoivent pas leurs rapports avec le monde qui les entoure. De plus, les sciences sont souvent enseignées sous forme d'équations. Bien que les équations soient une manière concise et exacte de décrire les idées mathématiques, elles effraient la majorité des gens. Il y a quelque temps, comme j'écrivais un livre à l'intention du grand public, on m'a averti que chaque équation que j'y inclurais diviserait les ventes par deux. Je n'en ai laissé qu'une, la fameuse équation d'Einstein : $E = mc^2$. Peut-être aurais-je vendu deux fois plus d'exemplaires sans elle.

Les scientifiques et les ingénieurs tendent à exprimer leurs idées sous forme d'équations parce qu'ils ont besoin de connaître la valeur précise des quantités qu'ils utilisent. Mais pour les autres, une appréhension qualitative des concepts scientifiques est suffisante, et celle-ci peut être communiquée par des mots et des diagrammes, sans recourir à des équations.

Les connaissances qui sont enseignées à l'école peuvent fournir des bases. Mais le rythme du progrès scientifique est aujourd'hui tel que de nouveaux développements apparaissent toujours depuis que l'on a quitté le lycée ou l'université. On ne m'a jamais parlé de biologie moléculaire ni de transistors à l'école, mais le génie génétique et les ordinateurs devraient changer notre manière de vivre à l'avenir. Les livres de vulgarisation et les articles de magazine sur les sciences peuvent aider à faire comprendre de nouveaux développements. Mais même les plus grands succès de librairie ne sont lus que par une petite fraction de la population. Seule la télévision peut véritablement toucher la masse du grand public. Il existe d'excellentes émissions scientifiques à la télévision, mais certaines présentent les merveilles de la science comme de la pure magie, sans les expliquer ni montrer comment elles s'inscrivent dans le cadre des idées scientifiques. Les producteurs d'émissions scientifiques devraient se rendre compte qu'ils ont la responsabilité d'éduquer le public et non pas seulement de le divertir.

Quelles sont les questions à caractère scientifique sur lesquelles le public devra se prononcer dans un proche avenir ? Celle des armes nucléaires est de loin la plus pressante. D'autres problèmes globaux, comme ceux des ressources alimentaires et de l'effet de serre, sont préoccupants à long terme, mais une guerre nucléaire pourrait signifier l'extinction de toute vie humaine sur Terre en l'espace de quelques jours. La détente entre Est et Ouest amenée par la fin de la guerre froide a estompé la crainte d'une guerre nucléaire dans la conscience publique. Mais le danger restera présent aussi longtemps qu'il existera des armes capables d'anéantir plusieurs fois la population mondiale. Les armes russes et américaines sont toujours braquées sur toutes les grandes villes de l'hémisphère Nord. Il suffirait d'une erreur d'ordinateur ou de la mutinerie d'une équipe de contrôle pour déclencher une guerre totale. Il est encore plus inquiétant que des puissances relativement mineures acquièrent à présent des armes nucléaires. Les grandes puissances se sont conduites de manière relativement responsable, mais on ne peut avoir autant confiance dans des puissances mineures comme la Libye, l'Irak ou même l'Azerbaïdjan. Le danger ne réside pas tant dans les armes nucléaires que les puissances mineures pourraient bientôt détenir. Elles seraient très rudimentaires, bien que tout de même capables de tuer des millions de gens. Le danger vient plutôt de ce qu'une guerre nucléaire entre deux puissances mineures pourrait entraîner les grandes puissances à mobiliser leurs arsenaux gigantesques.

Il est très important que le public se rende compte du danger et fasse pression sur tous les gouvernements pour qu'ils s'entendent sur d'importantes réductions des arsenaux. Il n'est sans doute pas possible d'éliminer entièrement les armes nucléaires, mais nous pouvons réduire le danger en diminuant le nombre d'armes.

Si nous parvenons à éviter une guerre nucléaire, il reste d'autres dangers qui pourraient tous nous détruire. Une méchante blague dit que si nous n'avons pas été contactés par des civilisations extraterrestres, c'est parce que les civilisations se détruisent elles-mêmes lorsqu'elles ont atteint notre stade de développement. Mais je crois assez au bon sens du public pour penser que nous pourrons la démentir.

Chapitre 5

Une brève histoire
d'*Une brève histoire* [1]

Je reste encore assez stupéfait de l'accueil qu'a reçu mon livre *Une brève histoire du temps*. Il a figuré trente-sept semaines sur la liste des meilleures ventes du *New York Times* et vingt-huit semaines sur celles du *Sunday Times* (il a été publié plus tard en Angleterre qu'aux États-Unis). Et il a été traduit en vingt langues (vingt et une si vous comptez l'américain comme différent de l'anglais). C'est bien plus que je n'en espérais lorsque, en 1982, j'ai envisagé pour la première fois d'écrire un livre sur l'Univers destiné au grand public. L'une de mes intentions était de gagner de quoi payer les frais de scolarité de ma fille. (En fait, lorsque le livre a fini par sortir, elle était en dernière année.) Mais ma principale motivation était que je voulais expliquer

---

1. Cet essai a paru pour la première fois en décembre 1988 dans *The Independent*. En fait, *Une brève histoire du temps* est resté cinquante-trois semaines sur la liste des meilleures ventes du *New York Times* ; pour l'Angleterre, en février 1993, il figurait sur la liste du *Sunday Times* depuis deux cent cinq semaines. (La cent quatre-vingt-quatrième, il est entré dans le *Guiness Book des records* pour le plus grand nombre d'apparitions sur cette liste.) Le nombre de traductions s'élève aujourd'hui à trente-trois.

combien nous avions avancé dans notre compréhension de l'Univers et à quel point nous étions peut-être près de trouver une théorie complète qui décrirait l'Univers et tout ce qui s'y trouve.

Si je devais consacrer du temps et des efforts à écrire un livre, je voulais qu'il touche un aussi grand nombre de gens que possible. Les ouvrages scientifiques que j'avais écrits jusque-là avaient été publiés par Cambridge University Press. Ils avaient fait du bon travail, mais ils ne me semblaient pas compétents pour le marché grand public que je visais. J'ai donc contacté un agent littéraire, Al Zuckerman, qui était le beau-frère d'un collègue. Je lui ai remis l'ébauche d'un premier chapitre en lui expliquant que je voulais écrire un livre qui puisse se vendre dans les kiosques d'aéroport. Il m'a répondu que c'était impossible : un tel livre pourrait obtenir de bonnes ventes chez les universitaires et les étudiants, mais il n'avait aucune chance de faire concurrence à Stephen King.

J'ai remis à Zuckerman une première ébauche du livre en 1984. Il l'a envoyée à divers éditeurs et m'a recommandé d'accepter l'offre de Norton, maison d'édition américaine plutôt haut de gamme. Je me suis décidé pour Bantam, éditeur beaucoup plus tourné vers le grand public. Les gens de Bantam n'étaient aucunement spécialisés dans la publication d'ouvrages scientifiques, mais leurs livres étaient largement diffusés dans les kiosques d'aéroport. S'ils ont accepté mon livre, c'est sans doute à cause de l'intérêt qu'a manifesté l'un de leurs conseillers éditoriaux, Peter Guzzardi. Il a pris son travail très au sérieux et m'a fait réécrire le livre de manière à le rendre compréhensible par des non-scientifiques comme lui. Chaque fois que je lui envoyais un chapitre revu et corrigé, il me renvoyait une longue liste d'objections et de questions qu'il souhaitait me voir clarifier. Parfois, il m'est arrivé de penser que ce processus n'en finirait jamais. Mais il avait raison : au bout du compte, le livre est devenu bien meilleur.

Peu après avoir accepté l'offre de Bantam, j'ai contracté une pneumonie. J'ai dû subir une trachéotomie qui m'a privé de ma voix. Pendant un temps, je n'ai pu communiquer qu'en haussant un sourcil quand quelqu'un désignait la bonne lettre sur une carte. Il aurait été tout à fait impossible de finir le livre sans le programme d'ordinateur qu'on m'a offert. Il est un peu lent, mais je réfléchis lentement, alors cela me convient très bien. Grâce à lui j'ai presque entièrement réécrit mon premier jet en réponse aux encouragements de Guzzardi. J'ai été assisté dans cette révision par l'un de mes étudiants, Brian Whitt.

J'avais été très impressionné par la série télévisée de Jacob Bronowski, *L'Ascension de l'homme*. (Un titre aussi sexiste ne serait plus permis aujourd'hui.) Elle rendait sensible à tout ce que la race humaine a accompli au cours de son développement depuis les sauvages primitifs d'il y a seulement quinze mille ans jusqu'à notre état présent. Je voulais rendre aussi sensible les progrès que nous avons accomplis vers une compréhension entière des lois qui gouvernent l'Univers. J'étais sûr que presque tout le monde avait envie de savoir comment fonctionne l'Univers. Mais la majorité des gens sont incapables de suivre des équations mathématiques – d'ailleurs, moi-même, je n'aime pas tellement les équations. Cela vient en partie de ce que j'ai du mal à les écrire, mais surtout de ce que je n'ai pas de sensibilité intuitive pour les équations. Je pense plutôt par images, et mon but était de décrire ces

représentations mentales avec des mots, à l'aide d'ana-
logies familières et de quelques diagrammes. J'espérais
ainsi pouvoir faire partager à la majorité des gens mon
enthousiasme et mon sentiment de réussite devant les
progrès remarquables accomplis par la physique durant
les vingt-cinq dernières années.

Cependant, même si on évite les développements
mathématiques, certaines des idées physiques sont peu
familières et difficiles à exposer. Je me trouvais devant
le dilemme suivant : devais-je essayer de les expliquer
au risque d'embrouiller les lecteurs, ou bien devais-je
éluder les difficultés ? Certains concepts étranges,
comme le fait que des observateurs se déplaçant à des
vitesses différentes mesurent des intervalles de temps
différents entre la même paire d'événements, n'étaient
pas essentiels au tableau que je voulais tracer. Il m'a
donc semblé que je pouvais me contenter de les men-
tionner sans entrer dans les détails. En revanche, certaines idées difficiles étaient fondamentales pour ce que
je voulais faire comprendre. Il y avait en particulier
deux concepts que je me sentais obligé d'inclure. L'un
était ce que l'on appelle la « somme sur les histoires ».
C'est l'idée qu'il n'existe pas une unique histoire de
l'Univers, mais plutôt un ensemble de toutes les histoires possibles de l'Univers, et que toutes ces histoires
sont également réelles (quoi que cela puisse signifier).
L'autre idée, qui est nécessaire pour tirer le sens
mathématique de la somme sur les histoires, est celle
de « temps imaginaire ». Rétrospectivement, j'ai aujour-
d'hui le sentiment que j'aurais dû consacrer plus d'efforts à l'explication de ces deux concepts très ardus, en
particulier celui de temps imaginaire, qui semble être
ce qui pose le plus de problèmes aux lecteurs de mon
livre. Cependant, il n'est pas réellement nécessaire de

comprendre exactement ce qu'est le temps imaginaire, il suffit de savoir qu'il est différent de ce que nous appelons le temps « réel ».

Alors que la date de publication approchait, un scientifique qui avait reçu des bonnes pages pour en faire la recension dans *Nature* a été stupéfait du nombre d'erreurs qu'il contenait, en particulier dans le placement et les légendes des illustrations. Il a appelé Bantam, où la stupéfaction a été tout aussi grande et où il a aussitôt été décidé de rappeler tout le tirage pour le mettre au pilon. Après trois semaines d'un intense travail de correction et de vérification, le livre a pu être mis en place dans les librairies pour la date de sortie annoncée. À ce moment-là, *Time* m'avait déjà consacré un long article. Les éditeurs ont pourtant été surpris par la demande. Le livre en est à sa dix-septième édition aux États-Unis, et à sa dixième en Angleterre [1].

Pourquoi autant de gens l'ont-ils acheté ? Il m'est difficile d'être objectif ; je vais donc m'en remettre à des avis extérieurs. J'ai trouvé que la plupart des recensions, bien que favorables, n'étaient guère éclairantes. Elles tendaient à suivre la formule suivante : Stephen Hawking a la maladie de Lou Gehrig (pour les Américains) ou la maladie des neurones moteurs (pour les Anglais). Il est cloué sur un fauteuil roulant, privé de la parole et ne peut remuer qu'un nombre x de doigts (x semble varier de 1 à 3, selon l'article inexact que le recenseur a lu à mon sujet). Pourtant, il a écrit un livre sur cette question capitale entre toutes : d'où

---

1. En avril 1993, il en était à sa quarantième édition cartonnée et à sa dix-neuvième de poche aux États-Unis, et à sa trente-neuvième édition cartonnée en Angleterre.

venons-nous et où allons-nous ? La réponse que propose Hawking est que l'Univers n'est ni créé ni détruit : il *est*, simplement. Afin de formuler cette idée, Hawking introduit l'idée de temps imaginaire que je (le recenseur) trouve un peu difficile à suivre. Néanmoins, si Hawking a raison et si nous arrivons à une théorie entièrement unifiée, nous connaîtrons la pensée de Dieu. (En corrigeant les épreuves, j'ai bien failli rayer la dernière phrase qui disait que nous connaîtrions la pensée de Dieu. Si je l'avais fait, les ventes auraient pu en être diminuées de moitié.)

Un peu plus perspicace (me sembla-t-il) était l'article de *The Independent* qui disait que même un livre scientifique sérieux comme *Une brève histoire du temps* pouvait devenir un livre culte. Ma femme était horrifiée, mais j'étais assez flatté de voir mon livre comparé au *Traité du zen et de l'entretien des motocyclettes*. J'espère que, comme le *Traité*, il donnera aux gens le sentiment qu'ils ne sont pas fatalement coupés des grandes questions intellectuelles et philosophiques.

Il ne fait aucun doute que l'aspect témoignage humain, tout ce qui touchait au fait que j'avais réussi à devenir un physicien théoricien malgré mon invalidité, a joué. Mais ceux qui ont acheté le livre pour ce type d'intérêt risquent d'avoir été déçus, parce qu'il ne contient que de rares références à mon état de santé : c'est censé être une histoire de l'Univers, pas de moi. Cela n'a pas empêché Bantam d'être accusé d'avoir outrageusement exploité ma maladie, et moi d'avoir coopéré en permettant de faire figurer ma photo en couverture. En fait, par contrat, je n'avais aucun droit de regard sur la couverture. J'ai cependant réussi à convaincre Bantam d'utiliser une meilleure photographie pour la couverture de l'édition britannique que l'image lamentable et dépassée qui orne l'édition américaine. Ils ne changeront pas pour autant la couverture de l'édition américaine, parce qu'ils me disent que le public américain identifie à présent cette photo au livre.

On a aussi laissé entendre que les gens achetaient le livre parce qu'ils en avaient lu des recensions, ou parce qu'il figurait sur la liste des meilleures ventes, mais qu'ils ne le lisaient pas : ils l'ont simplement dans leur bibliothèque, ou le laissent traîner sur la table basse du salon, se donnant ainsi le mérite de le posséder sans faire l'effort d'essayer de le comprendre. Je suis certain que cela arrive, mais je ne sais pas si c'est moins le cas pour d'autres livres sérieux, y compris la Bible et Shakespeare. En revanche, je sais que certains au moins ont dû le lire, parce que je reçois chaque jour une pile de lettres à propos de mon livre ; beaucoup contiennent des questions ou des commentaires détaillés, qui indiquent que leur auteur a lu le livre, même s'il n'a pas toujours tout compris. Il arrive aussi que des inconnus m'abordent dans la rue pour me dire à quel point le livre leur a plu. Bien sûr, je suis plus facile à reconnaître et plus distinct, à défaut d'être distingué, que la majorité des auteurs. Mais la fréquence de ces félicitations publiques (qui font l'embarras de mon fils de neuf ans) semble indiquer qu'une proportion au moins de ceux qui achètent le livre le lisent.

Les gens me demandent aujourd'hui ce que je compte faire ensuite. Il me serait difficile d'écrire une suite à *Une brève histoire du temps*. Comment l'appellerais-je ? *Une plus longue histoire du temps* ? *Au-delà de la fin du temps* ? *Le Fils du temps* ? Mon agent m'a suggéré d'accepter qu'on tourne un film sur ma vie. Mais ni moi ni ma famille n'aurions de dignité personnelle si nous nous laissions incarner par des acteurs. La même chose serait vraie, dans une moindre mesure, si j'autorisais quelqu'un à écrire ma biographie. Bien sûr, je ne peux pas empêcher quelqu'un d'écrire ma biographie de son propre chef, tant qu'elle n'est pas diffamatoire, mais j'essaie de décourager les postulants en disant que je songe à écrire mon autobiographie. Je le ferai peut-être. Mais je ne suis pas pressé. J'ai beaucoup de recherches en chantier, et elles ont la priorité pour moi.

Chapitre 6

Ma position [1]

Cet article ne concerne pas ma foi ou mon absence de foi en Dieu. En revanche, je voudrais exposer ma vision de la manière dont on peut comprendre l'Univers : quels sont le statut et la signification d'une grande théorie unifiée, une « théorie de tout ». Cela pose un réel problème. Les gens qui devraient étudier et discuter de telles questions, les philosophes, ne possèdent généralement pas la formation mathématique nécessaire pour se tenir au courant des développements modernes de la physique théorique. Les « philosophes des sciences » devraient être mieux outillés. En réalité, beaucoup d'entre eux sont des physiciens ratés ; trouvant trop difficile d'inventer de nouvelles théories, ils se sont donc mis à écrire de la philosophie. Ils en sont toujours à débattre des théories scientifiques du début du siècle, comme la relativité et la mécanique quantique, et ils ont

---

1. Conférence prononcée devant un auditoire de Caius College en mai 1992.

perdu tout contact avec les développements actuels de la physique.

Je suis peut-être un peu dur avec les philosophes, mais ils n'ont pas été très tendres avec moi. On a dit que mon approche était naïve et simpliste. J'ai tour à tour été taxé de nominalisme, d'instrumentalisme, de positivisme, de réalisme et de plusieurs autres « ismes ». La technique employée semble être la réfutation par le dénigrement : si vous pouvez mettre une étiquette sur mon discours, il n'est plus nécessaire de dire en quoi il cloche. Personne n'ignore les erreurs fatales de tous ces ismes.

Ceux qui font effectivement avancer la physique théorique ne pensent pas selon les catégories que les philosophes et les historiens des sciences inventent pour eux par la suite. Je suis certain qu'Einstein, Heisenberg et Dirac ne se souciaient pas de savoir s'ils étaient réalistes ou instrumentalistes. Ils se préoccupaient seulement des désaccords entre les diverses théories existantes. En physique théorique, la recherche de la cohérence logique a toujours joué un rôle plus important que les résultats expérimentaux. Des théories par ailleurs élégantes et séduisantes ont été rejetées parce qu'elles ne s'accordaient pas avec les observations ; mais je ne connais pas de théorie majeure qui ait été avancée sur la seule base d'une expérience. La théorie est toujours venue d'abord, motivée par le désir d'un modèle mathématique élégant et cohérent. Elle suscite alors des prédictions, qui peuvent être testées par l'observation. Si les observations s'accordent avec les prédictions, cela ne prouve pas la théorie ; mais celle-ci permet de nouvelles prédictions, qui sont à nouveau confrontées aux observations. Si les observations infirment la théorie, celle-ci est abandonnée.

Ou plutôt, c'est ce qui est censé se produire. En pratique, les gens rechignent beaucoup à abandonner une théorie dans laquelle ils ont investi beaucoup de temps et d'efforts. Ils commencent généralement par mettre en doute l'exactitude des observations. Si cela ne marche pas, ils cherchent à modifier la théorie de manière à la faire coïncider avec les observations. La théorie finit par devenir un édifice bâtard et instable. Puis, quelqu'un avance une nouvelle théorie, qui donne une explication élégante et naturelle de toutes les observations étranges. On trouve une parfaite illustration de ce phénomène dans l'expérience réalisée par Michelson et Morley en 1887 : ils ont montré que la vitesse de la lumière était toujours la même, quel que soit le mouvement relatif de la source et de l'observateur. Cela paraissait ridicule. De toute évidence, celui qui se déplaçait vers la lumière devait mesurer une vitesse plus grande que celui qui se déplaçait dans le même sens qu'elle ; pourtant, l'expérience montrait que les deux observateurs mesuraient exactement la même vitesse. Durant les dix-huit années qui ont suivi, des chercheurs comme Hendrik Lorentz et George Fitzgerald se sont efforcés de faire cadrer cette observation avec l'idée qu'on possédait alors de l'espace et du temps. Ils ont introduit des hypothèses *ad hoc*, comme de proposer que les objets raccourcissaient lorsqu'ils se déplaçaient à très grande vitesse. Tout l'édifice de la physique est devenu bancal et difforme. Puis, en 1905, Einstein a suggéré une manière de voir beaucoup plus séduisante, où le temps n'était plus considéré comme une dimension totalement séparée et autonome. Il se combinait avec l'espace pour constituer un objet quadridimensionnel appelé « espace-temps ». Einstein a été amené à cette idée non pas tant par les résultats expérimentaux que par le désir de rassembler deux pans de la théorie pour former un tout cohérent. Ces deux pans étaient les lois qui gouvernaient les champs électriques et magnétiques, d'une part, et les lois qui gouvernaient le mouvement des corps, d'autre part.

Je ne pense pas qu'Einstein, ou n'importe qui d'autre en 1905, ait perçu combien la théorie de la relativité était simple et élégante. Pourtant, elle a entièrement révolutionné nos concepts d'espace et de temps. Cet exemple illustre combien il est difficile d'être réaliste en philosophie des sciences, car ce que nous tenons pour la réalité est conditionné par la théorie à laquelle nous adhérons. Je suis certain que Lorentz et Fitzgerald se considéraient eux-mêmes comme réalistes lorsqu'ils interprétaient l'expérience sur la vitesse de la lumière en termes newtoniens d'espace et de temps absolus. Ces concepts d'espace et de temps semblaient correspondre au bon sens et à la réalité. Pourtant, aujourd'hui, ceux qui sont familiarisés avec la théorie de la relativité – ils restent une minorité hélas fort réduite – voient les choses différemment. Nous devons expliquer aux gens la formulation moderne de concepts aussi fondamentaux que ceux d'espace et de temps.

Si ce que nous tenons pour réel dépend de notre théorie, comment pouvons-nous faire de la réalité la base de notre philosophie ? Je dirais que je suis réaliste au sens où je pense qu'il existe un univers qui attend qu'on l'interroge et le comprenne. Je considère la position solipsiste, selon laquelle tout est le produit de nos imaginations, comme une pure perte de temps. Personne n'agit sur cette base. Mais nous ne pouvons distinguer ce qui est réel dans l'Univers sans une théorie. Je pense donc, position qui a été jugée simpliste et naïve, qu'une théorie physique n'est rien d'autre qu'un modèle mathématique qui nous permet de décrire les résultats d'observations. Une théorie est une bonne théorie si c'est un modèle élégant, si elle décrit une vaste classe d'observations et si elle prédit les résultats de nouvelles observations. Au-delà, il ne rime à rien de se demander si elle correspond à la réalité, parce que nous ne savons pas ce qu'est la réalité indépendamment de la théorie. Cette conception des théories scientifiques peut faire de moi un instrumentaliste ou un positiviste – comme je l'ai dit plus haut, j'ai reçu les deux étiquettes. Celui qui m'a traité de positiviste ajoutait que tout le monde savait que le positivisme était démodé – autre instance de réfutation par dénigrement. Cette position est peut-être démodée au sens où elle n'est plus en vogue, mais l'attitude positiviste que j'ai esquissée me semble être la seule possible pour quelqu'un qui cherche de nouvelles lois et de nouvelles manières de décrire l'Univers. Il ne sert à rien d'en appeler à la réalité, car nous n'avons pas de concept de la réalité qui ne dépende d'un modèle.

À mon sens, cette foi implicite en une réalité indépendante d'un modèle explique les difficultés qu'éprouvent les philosophes des sciences face à la mécanique quantique et au principe d'incertitude. Il existe une expérience de pensée célèbre que l'on appelle « le chat de Schrödinger ». Un chat est placé dans une boîte scellée. À l'intérieur de la boîte se trouve aussi un pistolet pointé sur le chat, qui fera feu si un noyau radioactif se désintègre. La probabilité de cet événement est de 50 %. (Aujourd'hui, personne n'oserait proposer une chose pareille, même comme pure fiction, mais du temps de Schrödinger, on n'avait pas encore entendu parler de protection des animaux.) Si on ouvre la boîte, on trouvera le chat mort ou vivant. Mais avant l'ouverture de la boîte, l'état quantique du chat sera un mélange de l'état chat mort et de l'état chat vivant. C'est ce que certains philosophes des sciences trouvent très difficile à accepter. Le chat ne peut être à moitié mort et à moitié vivant, affirment-ils, pas plus qu'une femme ne peut être à moitié enceinte. Le problème des philosophes des sciences vient de ce qu'ils utilisent implicitement un concept classique de la réalité, dans lequel un objet possède une histoire unique et bien définie. Tout l'intérêt de la mécanique quantique consiste justement à présenter une vision différente de la réalité. D'après cette vision, un objet ne possède pas une histoire unique, mais toutes les histoires possibles. Dans la plupart des cas, la probabilité d'avoir une histoire particulière s'annulera avec la probabilité d'avoir une histoire très légèrement différente ; mais dans certains cas, les probabilités d'histoires voisines se renforceront mutuellement. L'histoire que nous observons est précisément l'une de ces histoires renforcées.

Dans le cas du chat de Schrödinger, il existe deux histoires renforcées. Dans l'une, le chat est mort ; dans l'autre, il est vivant. D'après la théorie quantique, les deux possibilités peuvent exister concurremment. Mais certains philosophes n'arrivent pas à le comprendre, parce qu'ils supposent implicitement que le chat ne peut avoir qu'une seule histoire.

La nature du temps fournit un autre exemple de domaine où nos théories physiques déterminent notre concept de la réalité. Jadis, on tenait pour évident que le temps s'écoulait éternellement, indépendamment de ce qui arrivait ; mais la théorie de la relativité a combiné le temps et l'espace ; elle a affirmé que tous deux peuvent être gauchis ou distordus par la matière et l'énergie présents dans l'Univers. Notre perception de la nature du temps a donc changé : d'un temps indépendant de l'Univers, nous sommes passés à un temps formé par celui-ci. Il est alors devenu imaginable que le temps ne puisse tout simplement plus être défini en-deçà d'un certain point ; en remontant dans le temps, on se heurterait à une barrière insurmontable, à une singularité, au-delà de laquelle il serait impossible de passer. Si tel était le cas, il ne rimerait à rien de se demander qui ou quoi a causé ou créé le *big bang*. Parler de causation ou de création suppose implicitement qu'il existait un temps avant la singularité du *big bang*. Nous savons depuis vingt-cinq ans que la théorie de la relativité générale d'Einstein prédit que le temps doit avoir eu un commencement en une singularité située il y a quinze milliards d'années. Mais les philosophes ne sont pas encore au courant. Ils s'interrogent toujours sur les fondements de la mécanique quantique, qui ont été jetés il y a soixante-cinq ans. Ils ne se rendent pas compte que l'horizon de la physique a bougé.

C'est encore pire dans le cas du concept mathématique de temps imaginaire que Jim Hartle et moi-même avons avancé, selon lequel l'Univers n'aurait ni commencement ni fin. J'ai été violemment attaqué par un philosophe des sciences pour avoir parlé de temps imaginaire. Il a dit : comment une astuce mathématique comme le temps imaginaire peut-elle avoir un quelconque rapport avec l'Univers réel ? Je pense que ce philosophe confondait les termes techniques mathématiques de nombres réel et imaginaire avec le sens qu'on donne aux mots « réel » et « imaginaire » dans le langage de tous les jours. C'est une parfaite illustration de mon propos : comment peut-on savoir ce qui est réel indépendamment d'une théorie ou d'un modèle qui permette de l'interpréter ?

J'ai utilisé des exemples tirés de la relativité et de la mécanique quantique pour montrer à quels problèmes on doit faire face quand on s'efforce de comprendre l'Univers. Que vous compreniez ou non la relativité et la mécanique quantique, ou même que ces théories soient fausses ou non n'est pas très important. Ce que j'espère avoir démontré, c'est qu'adopter un certain type d'approche positiviste, et considèrer une théorie comme un modèle est la seule manière de comprendre l'Univers, au moins pour un physicien théoricien. J'ai bon espoir que nous trouvions un modèle cohérent qui décrira l'Univers tout entier. Si nous y parvenons, ce sera un véritable triomphe pour l'espèce humaine.

Chapitre 7

Le rêve d'Einstein [1]

Au début du XXᵉ siècle, deux nouvelles théories ont entièrement modifié notre vision de l'espace et du temps, et même notre conception de la réalité. Plus de soixante-quinze ans plus tard, nous travaillons toujours sur leurs implications, que nous cherchons à combiner en une théorie unifiée qui décrira tout ce que contient l'Univers. Ces deux théories sont la relativité générale et la mécanique quantique. La théorie de la relativité générale traite de l'espace et du temps, et de la manière dont ils sont courbés ou gauchis à grande échelle par la matière et l'énergie présentes dans l'Univers. La mécanique quantique, de son côté, traite des très petites échelles. Elle contient le principe d'incertitude, qui affirme que l'on ne peut jamais mesurer précisément à la fois la position et la vitesse d'une particule ; plus la mesure de l'une est exacte, moins celle de l'autre l'est. Il existe toujours un élément d'incertitude ou de

---

1. Conférence donnée à la « Paradigm Session » de la NTT Data Communications Systems Corporation à Tokyo, en juillet 1991.

hasard, et celui-ci affecte de manière fondamentale le comportement de la matière à petite échelle. Einstein est responsable presque à lui seul de la relativité générale, et il a joué un rôle important dans le développement de la mécanique quantique. Il a résumé ses sentiments quant à cette dernière dans cette phrase : « Dieu ne joue pas aux dés. » Mais tout concourt à indiquer que Dieu est un joueur invétéré, et qu'Il ne rate pas une occasion de jeter les dés.

Dans cet essai, je voudrais exposer les idées fondamentales qui sous-tendent ces deux théories et indiquer ce qui chagrinait tant Einstein dans la mécanique quantique. Je décrirai aussi certains des effets remarquables qui semblent apparaître lorsqu'on essaie de combiner ces deux théories. Il semblerait que le temps lui-même ait connu un commencement, il y a environ quinze milliards d'années, et qu'il pourrait prendre fin en un point de l'avenir. Pourtant, dans une autre sorte de temps, l'Univers n'a pas de frontière. Il n'est ni créé ni détruit. Il est, tout simplement.

Commençons par la théorie de la relativité. Les lois nationales ne valent que dans un seul pays, mais les lois de la physique sont les mêmes en Angleterre, aux États-Unis et au Japon. Elles sont aussi identiques sur Mars et dans la galaxie d'Andromède. Qui plus est, ces lois sont identiques quelle que soit la vitesse à laquelle vous vous déplacez. Les lois sont les mêmes à bord d'un train rapide ou d'un avion à réaction que pour une personne immobile. En fait, quelqu'un qui est immobile sur Terre se déplace quand même à une vitesse d'environ trente kilomètres par seconde autour du Soleil. Le Soleil lui-même se déplace à plusieurs centaines de kilomètres par seconde autour de la Galaxie, et ainsi de suite. Pourtant, tous ces mouvements ne changent rien aux lois de la physique ; elles sont identiques pour tous les observateurs.

L'indépendance par rapport à la vitesse du système a été découverte par Galilée, qui a formulé les lois régissant le mouvement d'objets tels que les boulets de canon ou les planètes. Cependant, un problème est apparu lorsqu'on a essayé d'étendre cette indépendance par rapport à la vitesse de l'observateur aux lois qui gouvernent le mouvement de la lumière. On avait découvert au XVIIIe siècle que la lumière ne voyageait pas instantanément de la source à l'observateur : elle va à une certaine vitesse, de l'ordre de trois cent mille kilomètres par seconde. Mais par rapport à quoi ? On pensait qu'il devait y avoir un certain milieu qui emplissait l'espace à travers lequel voyageait la lumière. Ce milieu était appelé « éther ». L'idée était que les ondes lumineuses voyageaient à une vitesse de trois cent mille kilomètres par seconde à travers l'éther, ce qui signifiait qu'un observateur immobile relativement à l'éther mesurerait la vitesse de la lumière à trois cent mille kilomètres par seconde, tandis qu'un observateur en déplacement dans l'éther trouverait une vitesse inférieure ou supérieure. En particulier, on pensait que la vitesse de la lumière devrait changer tandis que la Terre parcourait l'éther en orbitant autour du soleil. Cependant, en 1887, une expérience très délicate menée par Michelson et Morley a montré que la vitesse de la lumière était toujours la même. Quelle que soit la vitesse de déplacement de l'observateur, il mesurerait toujours la vitesse de la lumière à trois cent mille kilomètres par seconde.

Comment cela peut-il être vrai ? Comment des observateurs se déplaçant à des vitesses différentes peuvent-ils tous mesurer la lumière à la même vitesse ? La réponse est que c'est incompatible avec nos idées normales de l'espace et du temps. Mais dans un célèbre article écrit en 1905, Einstein a fait remarquer que ces observateurs pouvaient tous mesurer la lumière à la même vitesse s'ils abandonnaient l'idée de temps universel. Chacun aurait son propre temps individuel, mesuré par sa propre horloge. Les temps mesurés par ces différentes horloges seraient presque identiques si elles se déplaçaient lentement l'une par rapport à l'autre – mais la différence deviendrait importante si les horloges se déplaçaient à de grandes vitesses. Cet effet a réellement été observé en comparant une horloge restée au sol avec sa jumelle embarquée à bord d'un avion de ligne. Cependant, pour des vitesses de déplacement normales, les différences entre le rythme des horloges sont très faibles. Il vous faudrait faire quatre cents millions de fois le tour du monde pour ajouter une seconde à votre vie ; mais celle-ci serait considérablement plus écourtée par la nourriture qu'on vous sert dans les avions.

Comment le fait d'avoir leur propre temps individuel permet-il à des gens se déplaçant à des vitesses différentes de mesurer la même vitesse de la lumière ? La vitesse d'une impulsion lumineuse est la distance qu'elle parcourt entre deux événements divisée par l'intervalle de temps entre ces deux événements. (Un événement en ce sens est quelque chose qui se passe en un point donné de l'espace à un instant précis.) Deux personnes voyageant à des vitesses différentes ne seront pas d'accord sur la distance entre deux événements. Par exemple, si j'observe une voiture roulant sur l'autoroute, je pourrais dire qu'elle n'a parcouru qu'un kilomètre, tandis que pour un observateur situé sur le Soleil, elle en aurait parcouru mille huit cents du fait du déplacement propre de la Terre pendant que la voiture roulait. Comme les gens qui se déplacent à des vitesses différentes mesurent des distances différentes entre deux événements, il faut aussi qu'ils mesurent des intervalles de temps différents s'ils doivent tomber d'accord sur la vitesse de la lumière.

La première version de la théorie de la relativité d'Einstein, qu'il a exposée dans son célèbre article de 1905, est aujourd'hui appelée « théorie de la relativité restreinte ». Elle décrit le mouvement des objets à travers l'espace et le temps. Elle montre que le temps n'est pas une quantité universelle, qui existe de manière autonome, indépendamment de l'espace. L'avenir et le passé sont plutôt des directions, comme le haut et le bas, la droite et la gauche, l'avant et l'arrière, dans quelque chose que l'on appelle « espace-temps ». On ne peut se mouvoir dans le temps que vers l'avenir, mais on *peut* le faire avec un certain angle par rapport à celui-ci. C'est pourquoi le temps peut s'écouler à des rythmes différents.

La théorie de la relativité restreinte combinait l'espace et le temps, mais l'espace et le temps restaient un cadre fixe dans lequel les événements advenaient. On pouvait choisir de voyager sur différents chemins à travers l'espace-temps, mais rien de ce que vous faisiez ne pouvait modifier le cadre de l'espace-temps. Cependant, tout cela a changé lorsque Einstein a formulé la théorie de la relativité générale en 1915. Il a eu l'idée révolutionnaire que la gravité n'était pas simplement une force qui opérait dans le cadre fixe de l'espace-temps, mais qu'il s'agissait d'une *distorsion* de l'espace-temps causée par la présence de matière et d'énergie. Les objets, boulets de canon ou planètes, essaient de se mouvoir selon une trajectoire droite à travers l'espace-temps, mais leur chemin apparaît courbé parce que l'espace-temps est lui-même courbé, gauchi, et non plat. La Terre cherche à se mouvoir selon une droite à travers l'espace-temps, mais la courbure de l'espace-temps causée par la masse du Soleil l'oblige à tourner autour de celui-ci. De même, la lumière cherche à voyager en ligne droite, mais la courbure de l'espace-temps au voisinage du Soleil dévie la lumière provenant des étoiles lointaines lorsqu'elle passe près de lui. Normalement, il est impossible de distinguer les étoiles qui sont presque dans la même direction que le Soleil. Cependant, durant une éclipse, lorsque la majeure partie de la lumière du Soleil est occultée par la Lune, on peut observer la lumière issue de ces étoiles. Einstein a formulé sa théorie de la relativité générale pendant la Première Guerre mondiale, à une époque où la situation ne se prêtait guère aux observations scientifiques ; mais dès la fin de la guerre, une expédition britannique est allée observer l'éclipse de 1919, et elle a confirmé les prédictions de la relativité générale : l'espace-temps n'est pas plat, mais courbé par la matière et l'énergie qui s'y trouvent.

Voilà le plus grand triomphe d'Einstein. Sa découverte a entièrement transformé notre manière de penser l'espace et le temps. Ils ont cessé d'être un cadre passif dans lequel les événements se déroulaient. Nous ne pouvions plus penser l'espace et le temps comme s'écoulant éternellement, sans être altérés par ce qui se passait dans l'Univers. Au contraire, ils devenaient des quantités dynamiques interagissant avec les événements qui s'y déroulaient.

Une propriété importante de la masse et de l'énergie est qu'elles sont toujours positives. C'est pourquoi la gravité va toujours dans le sens de l'attraction mutuelle des corps. Par exemple, la gravité de la Terre nous attire où que nous nous trouvions sur elle. C'est pourquoi les Australiens gardent eux aussi les pieds sur Terre. De même, la gravité du Soleil maintient les planètes en orbite et empêche la Terre de filer dans les ténèbres de l'espace interstellaire. Si la masse avait été négative, l'espace-temps serait courbé dans l'autre sens, comme la surface d'une selle. Cette courbure positive de l'espace-temps, qui traduit le fait que la gravité est attractive, posait un gros problème à Einstein. On pensait alors généralement que l'Univers était statique ; mais si l'espace, et en particulier le temps, étaient repliés sur eux-mêmes, comment l'Univers pouvait-il continuer éternellement dans un état plus ou moins identique à son état présent ?

Initialement, les équations de la relativité générale prédisaient un univers en expansion ou en contraction. Einstein ajouta donc un nouveau terme aux équations reliant la masse et l'énergie présentes dans l'Univers à la courbure de l'espace-temps. Cette « constante cosmologique » avait un effet gravitationnel répulsif. Il était ainsi possible de contrebalancer l'attraction de la matière par la répulsion de la constante cosmologique. Autrement dit, la courbure négative de l'espace-temps induite par la constante cosmologique pouvait annuler la courbure positive résultant de la masse et de l'énergie présentes dans l'Univers. On obtenait ainsi un modèle de l'Univers qui se perpétuait dans le même état. Si Einstein avait conservé telles quelles ses premières équations, il aurait prédit que l'Univers était soit en expansion soit en contraction. En fait, personne n'imaginait que l'Univers changeait au cours du temps avant 1929, lorsque Edwin Hubble a découvert que les galaxies lointaines s'éloignent de nous. L'Univers est en expansion. Einstein a déclaré plus tard que la constante cosmologique était « la plus grande erreur de [sa] vie ».

Mais, avec ou sans constante cosmologique, le fait que la matière courbe l'espace-temps sur lui-même est resté un problème, bien qu'on ne l'ait généralement pas reconnu. Ce que cela signifiait, c'était que la matière pouvait recourber une région sur elle-même au point qu'elle se trouve effectivement coupée du reste de l'Univers. Cette région deviendrait ce que l'on appelle un « trou noir ». Les objets pourraient tomber dans un trou noir, mais rien ne pourrait en ressortir. Pour cela, il leur faudrait voyager plus vite que la vitesse de la lumière, ce que la théorie de la relativité n'autorise pas. Ainsi la matière serait prisonnière du trou noir et s'effondrerait sur elle-même jusqu'à atteindre un état inconnu de très haute densité.

Einstein était profondément troublé par les implications de cet effondrement ; il refusait de croire qu'il soit possible. Mais Robert Oppenheimer a montré en 1939 qu'une étoile âgée d'une masse supérieure à deux fois celle du Soleil s'effondrerait inévitablement sur elle-même lorsqu'elle aurait épuisé son combustible nucléaire. Puis, la guerre a éclaté, Oppenheimer a été entraîné dans le projet de bombe nucléaire et il a oublié l'effondrement gravitationnel. Les chercheurs se préoccupaient plus de la physique que l'on pouvait étudier sur Terre. Ils se méfiaient des prédictions portant sur les confins de l'Univers parce qu'il semblait impossible de les tester par l'observation. Cependant, dans les années soixante, l'amélioration spectaculaire de la portée et de la qualité des observations astronomiques a conduit à un renouveau d'intérêt pour l'effondrement gravitationnel et l'Univers primordial. Les prédictions exactes de la théorie de la relativité générale d'Einstein dans ces situations sont restées peu claires jusqu'à ce que Roger Penrose et moi-même prouvions un certain nombre de théorèmes. Ceux-ci montraient que le fait que l'espace-temps soit courbé sur lui-même impliquait qu'il y aurait des singularités, des endroits où l'espace-temps avait un commencement ou une fin. Il y aurait un commencement au *big bang*, il y a environ quinze milliards d'années, et il prendrait fin pour une étoile victime d'un effondrement gravitationnel et pour tout ce qui tomberait dans le trou noir résultant.

Le fait que la théorie de la relativité générale d'Einstein s'avère prédire l'existence de singularités a conduit à une crise en physique. Les équations de la relativité générale, qui lient la courbure de l'espace-temps à la distribution de masse et d'énergie, ne sont pas définies en une singularité. Cela signifie que la relativité générale ne peut pas prédire ce qui se passe en une singularité. En particulier, la relativité générale est incapable de prédire comment l'Univers doit naître lors du *big bang*. Ainsi, la relativité générale n'est pas une théorie complète. Elle nécessite un ingrédient supplémentaire pour déterminer comment l'Univers doit naître et ce qui doit se passer quand la matière s'effondre sous l'effet de sa propre gravité.

Cet indispensable ingrédient supplémentaire semble être la mécanique quantique. En 1905, la même année où il a écrit son article sur la relativité restreinte, Einstein a publié un autre article consacré à un phénomène appelé « effet photo-électrique ». On avait observé que lorsque la lumière tombait sur certains métaux, il se produisait une émission de particules chargées. Ce qu'il y avait de troublant, c'était que si l'on réduisait l'intensité de la lumière, le nombre de particules émises diminuait, mais non la vitesse d'émission des particules. Einstein a montré que cela ne pouvait s'expliquer que si la lumière arrivait non pas en quantités continûment variables, comme tout le monde le pensait jusqu'alors, mais seulement par paquets d'une certaine dimension. L'idée que la lumière n'existe que par paquets, nommés « quanta », avait été introduite quelques années auparavant par le physicien allemand Max Planck. C'est un peu comme de dire qu'on ne trouve pas de sucre en vrac dans les supermarchés, mais seulement par paquets d'un kilo. Planck avait utilisé l'idée des quanta afin d'expliquer pourquoi un morceau de métal chauffé au rouge n'émet pas une quantité infinie de chaleur ; mais il considérait les quanta comme un pur artifice théorique, sans aucune correspondance dans la réalité physique. L'article d'Einstein a montré que l'on pouvait observer directement les quanta. Chaque particule émise correspondait à un quantum de lumière venant frapper le métal. Tout le monde reconnaît que ce fut une contribution majeure à la théorie des quanta, et cela lui a valu le prix Nobel en 1922. (Il aurait dû recevoir le prix Nobel pour la relativité générale, mais l'idée que l'espace et le temps étaient courbés passait toujours pour trop spéculative ; il a donc reçu le prix au nom de ses travaux sur l'effet photo-électrique – qui le méritaient d'ailleurs amplement.)

On n'a compris toutes les implications de l'effet photo-électrique qu'en 1924, lorsque Werner Heisenberg a fait remarquer que cela signifiait qu'il est impossible de mesurer exactement la position d'une particule. Pour voir une particule, il faut projeter de la lumière dessus. Mais Einstein avait montré qu'on ne pouvait utiliser une quantité arbitrairement faible de lumière : il fallait utiliser au minimum un paquet, ou quantum. Ce paquet de lumière allait perturber la particule et lui conférer une certaine vitesse. Plus on cherchait une mesure exacte de la position de la particule, plus l'énergie du paquet de lumière utilisé devait être grande, et donc plus il perturberait la particule. Quelle que soit la façon dont on s'y prenait pour mesurer la particule, l'incertitude sur sa position multipliée par l'incertitude sur sa vitesse resterait toujours supérieure à une certaine quantité minimum.

Ce « principe d'incertitude » de Heisenberg montrait que l'on ne pouvait pas mesurer exactement l'état d'un système, si bien que l'on ne pouvait non plus prédire exactement son comportement dans l'avenir. Le mieux qu'on pouvait faire, c'était prédire les probabilités de différentes issues. C'était cet élément de hasard qui troublait tant Einstein. Il refusait de croire que les lois physiques soient incapables de donner une prédiction définie, sans ambiguïté, de ce qui allait se produire. Mais, de quelque manière qu'on l'exprime, tout concourt à montrer que le phénomène quantique et le principe d'incertitude sont inévitables et qu'on les rencontre dans toutes les branches de la physique.

La relativité générale d'Einstein est ce que l'on appelle une théorie classique : elle n'incorpore pas le principe d'incertitude. Il reste donc à trouver une nouvelle théorie qui combine la relativité générale et le principe d'incertitude. Dans la plupart des situations, la différence entre cette nouvelle théorie et la relativité générale classique sera extrêmement faible. La raison en est que l'incertitude prédite par les effets quantiques ne joue qu'à de très faibles échelles tandis que la relativité générale traite de la structure de l'espace-temps à très grande échelle. Cependant, les théorèmes de singularité que Roger Penrose et moi-même avons démontrés indiquent que l'espace-temps ne peut être fortement courbé qu'à très petite échelle. Les effets du principe d'incertitude deviendront alors très importants, et ils semblent augurer des résultats tout à fait remarquables.

Une partie des difficultés que Einstein rencontrait avec la mécanique quantique et le principe d'incertitude venait de ce qu'il se reposait sur l'idée ordinaire, conforme au bon sens, d'un système ayant une histoire définie. Une particule est à un endroit ou à un autre. Elle ne peut pas être à moitié ici et à moitié là-bas. De même, un événement tel que l'envoi d'astronautes sur la Lune a eu lieu ou non. Il ne peut pas avoir eu à moitié lieu. C'est comme le fait que vous ne puissiez être légèrement mort ou un peu enceinte. Soit vous l'êtes, soit vous ne l'êtes pas. Mais si un système a une histoire unique et définie, le principe d'incertitude conduit à toutes sortes de paradoxes, comme l'ubiquité des particules ou les astronautes à moitié sur la Lune.

Le physicien américain Richard Feynman a proposé une manière élégante d'éviter ces paradoxes qui préoccupaient tant Einstein. Feynman est devenu célèbre en 1948 pour ses travaux sur la théorie quantique de la lumière. Il a reçu le prix Nobel en 1965 conjointement avec un autre Américain, Julian Schwinger, et le physicien japonais Shinchiro Tomonaga. Mais c'était un physicien pour physiciens, dans la tradition d'Einstein. Il détestait les solennités et les discussions oiseuses, et il a démissionné de la National Academy of Sciences parce qu'il trouvait qu'on y passait trop de temps à débattre des nouvelles admissions. Feynman, qui est mort en 1988, est connu pour ses contributions nombreuses à la physique théorique. Parmi celles-ci, il faut citer les diagrammes qui portent son nom, qui sont à la base de presque tous les calculs en physique des particules. Mais plus important encore fut son concept de somme sur les histoires. L'idée était qu'un système n'a pas une unique histoire dans l'espace-temps, comme on l'admet normalement dans le cadre d'une théorie non quantique, mais qu'il a toutes les histoires possibles. Considérez par exemple une particule qui se trouvait au point A à un certain moment. Normalement, on suppose que la particule se déplace selon une droite partant de A. Cependant, selon la somme sur les histoires, elle peut emprunter n'importe quel chemin commençant en A. C'est comme ce qui se passe quand vous laissez tomber une goutte d'encre sur du papier buvard. Les particules d'encre vont se répandre à travers le buvard en empruntant tous les chemins possibles. Même si vous bloquez la ligne droite joignant deux points en entaillant le papier, l'encre fera le tour.

À chaque chemin, ou histoire, de la particule sera associé un nombre dépendant de la forme du chemin. On obtiendra la probabilité que la particule passe de A en B en additionnant tous les nombres associés aux chemins qui conduisent de A à B. Pour la plupart des chemins, le nombre qui y est associé s'annulera quasiment avec ceux des chemins voisins. Ils ne contribueront que très faiblement à la probabilité que la particule aille de A en B. Mais les nombres des chemins droits s'ajouteront à ceux des chemins presque droits. Ainsi, la principale contribution proviendra des chemins droits et quasi droits. C'est pourquoi la trace que laisse une particule en traversant une chambre à bulles paraît presque droite. Mais si vous occultez le trajet de la particule par un panneau percé d'une fente, les trajets des particules peuvent s'étaler au-delà de la fente. Il peut devenir fortement probable de trouver la particule ailleurs que sur la ligne droite passant par la fente.

En 1973, j'ai commencé à étudier l'effet du principe d'incertitude sur une particule dans l'espace-temps courbé avoisinant un trou noir. J'ai fait la découverte surprenante que le trou noir ne serait pas complètement noir. Le principe d'incertitude permettrait aux particules et au rayonnement de fuir régulièrement du trou noir. Ce résultat a représenté une surprise totale pour moi et pour tout le monde ; il a été accueilli avec beaucoup d'incrédulité. Mais rétrospectivement, il aurait dû paraître évident. Un trou noir est une région de l'espace dont il est impossible de s'échapper à moins de se déplacer plus vite que la lumière. Mais la somme sur les histoires de Feynman dit que les particules peuvent emprunter *n'importe quel* chemin de l'espace-temps. Ainsi, il est possible pour une particule de se déplacer plus vite que la lumière. La probabilité est très faible de parcourir beaucoup de chemin à une vitesse supérieure à celle de la lumière, mais il suffit que la particule franchisse la distance qui lui permet d'échapper à l'attraction du trou noir. Ainsi, le principe d'incertitude autorise les particules à s'échapper de ce qui semblait être la plus sûre des prisons, un trou noir. La probabilité qu'une particule sorte d'un trou noir de la masse du Soleil serait très faible parce qu'il faudrait qu'elle parcoure plusieurs kilomètres à une vitesse supérieure à celle de la lumière. Mais il pourrait exister des trous noirs beaucoup plus petits, qui se seraient formés au commencement de l'Univers. Ces trous noirs primordiaux pourraient être d'une taille inférieure à celle du noyau d'un atome ; pourtant leur masse atteindrait jusqu'à un milliard de tonnes, comme le mont Fuji. Ils pourraient émettre autant d'énergie qu'une grosse centrale électrique. Si seulement nous pouvions trouver un de ces trous noirs et maîtriser son énergie ! Malheureusement, il ne semble pas y en avoir beaucoup dans l'Univers.

La prédiction de l'émission de rayonnement par les trous noirs a été le premier résultat significatif de la combinaison de la relativité générale avec la mécanique quantique. Elle a montré que l'effondrement gravitationnel n'était pas le cul-de-sac absolu que l'on pensait. Les particules d'un trou noir n'achèvent pas nécessairement leur histoire en une singularité. Elles peuvent s'échapper du trou noir et continuer leurs histoires à l'extérieur. Peut-être la mécanique quantique signifie-t-elle aussi que l'on pourrait éviter que les histoires aient un commencement dans le temps, un point de création, au *big bang* ?

C'est une question à laquelle il est bien plus difficile de répondre, parce qu'il faudrait appliquer la mécanique quantique à la structure même du temps et de l'espace, et non plus seulement à des trajectoires de particules dans une région particulière de l'espace-temps. Ce qu'il faut trouver, c'est un moyen d'effectuer des sommes sur les histoires non plus pour les particules, mais pour la trame tout entière de l'espace et du temps. Nous ne savons pas encore comment effectuer correctement ce calcul, mais nous avons certaines indications sur ce qu'il devrait être. La première est qu'il est plus facile de faire cette somme si on traite d'histoires dans ce que l'on appelle le temps imaginaire, plutôt que dans le temps réel, ordinaire. Le temps imaginaire est un concept difficile à appréhender, et c'est probablement celui qui a posé le plus de problèmes aux lecteurs d'*Une brève histoire du temps*. J'ai aussi reçu de féroces critiques de la part de certains philosophes pour avoir utilisé cette idée de temps imaginaire. Comment le temps imaginaire peut-il avoir un quelconque rapport avec l'Univers réel ? Je pense que ces philosophes n'ont pas tiré les leçons de l'histoire. On tenait autrefois pour évident que la Terre était plate et que le Soleil tournait autour. Pourtant, depuis Copernic et Galilée, nous avons dû nous accoutumer à l'idée que la Terre est ronde et qu'elle tourne autour du Soleil. De même, il était évident que le temps s'écoulait au même rythme pour tous les observateurs, mais depuis Einstein nous avons dû accepter que le temps s'écoule différemment pour des observateurs différents. Il semblait aussi évident que l'Univers avait une histoire unique ; pourtant, depuis la découverte de la mécanique quantique, nous devons considérer l'Univers comme ayant toutes les histoires possibles. Il me semble que l'idée de temps imaginaire est quelque chose qu'il nous faudra aussi accepter. C'est un bond intellectuel du même ordre que de croire à la rondeur de la Terre. Je pense que le temps imaginaire en viendra à paraître aussi naturel que la rondeur de la Terre aujourd'hui. Il ne reste plus guère de partisans de l'idée que la Terre est plate parmi les gens évolués.

Vous pouvez vous représenter le temps réel, ordinaire, comme une ligne droite orientée de la gauche vers la droite. Mais vous pouvez aussi considérer une autre direction du temps, du bas vers le haut de la page. C'est le temps dit « imaginaire », qui est à angle droit du temps réel.

Quel est l'intérêt d'introduire le concept de temps imaginaire ? Pourquoi ne pas en rester au temps réel, ordinaire, au temps que nous comprenons ? La raison est que, comme on l'a vu plus haut, la matière et l'énergie tendent à courber l'espace sur lui-même. Dans la dimension du temps réel, cela conduit inévitablement à des singularités, à des endroits où l'espace-temps prend fin. Aux singularités, les équations de la physique ne sont plus définies ; on ne peut donc prédire ce qui arrivera. Mais le temps imaginaire est à angle droit du temps réel. Cela signifie qu'il se comporte de manière semblable aux trois dimensions qui correspondent aux déplacements dans l'espace. La courbure de l'espace-temps causée par la matière présente dans l'Univers peut alors amener les trois directions spatiales et la direction du temps imaginaire à faire une boucle sur elles-mêmes. Elles formeraient alors une surface fermée, comme celle de la Terre. Les dimensions spatiales et le temps imaginaire formeraient un espace-temps fermé sur lui-même, sans frontière ni bord. Il n'y aurait aucun point que l'on puisse qualifier de début ou de fin, pas plus que la surface de la Terre n'a de début ou de fin.

En 1983, Jim Hartle et moi-même avons suggéré que la somme sur les histoires de l'Univers ne s'effectuerait pas sur les histoires dans le temps réel, mais plutôt sur les histoires dans le temps imaginaire, lesquelles sont refermées sur elles-mêmes comme la surface de la Terre. Ces histoires n'ayant aucune singularité, ni début ni fin, ce qui s'y passerait serait entièrement déterminé par les lois de la physique. Cela signifie que ce qui se passerait dans le temps imaginaire pourrait être calculé. Or si vous connaissez l'histoire de l'Univers dans le temps imaginaire, vous pouvez calculer son comportement dans le temps réel. Ainsi, on peut espérer arriver à une théorie entièrement unifiée, une théorie qui prédise tout dans l'Univers. Einstein a passé les dernières années de sa vie à chercher une telle théorie. Il ne l'a pas trouvée parce qu'il se

défiait de la mécanique quantique. Il n'était pas prêt
à admettre que l'Univers pouvait avoir de nombreuses
histoires alternatives, comme dans la somme sur les
histoires. Nous ne savons toujours pas comment effectuer cette somme sur les histoires pour l'Univers, mais
vous pouvez être à peu près certains qu'elle passera
par le temps imaginaire et l'idée d'un espace-temps
clos sur lui-même. Je pense que ces concepts en vien-
dront à paraître aussi naturels à la prochaine génération que l'idée que la Terre est ronde. Le temps
imaginaire est déjà un lieu commun de la science-
fiction. Mais c'est plus que de la science-fiction ou un
artifice mathématique. Il structure l'Univers dans lequel
nous vivons.

Chapitre 8

L'origine de l'Univers [1]

Le problème de l'origine de l'Univers ressemble un peu à la vieille question : qui était là le premier de la poule et de l'œuf ? En d'autres termes : quel agent a créé l'Univers ? Et qu'est-ce qui a créé cet agent ? Peut-être l'Univers, ou l'agent qui l'a créé, existait-il depuis toujours et n'a-t-il pas eu besoin d'être créé. Ces dernières années encore, les scientifiques ont eu tendance à se tenir à l'écart de pareilles questions, sentant qu'elles appartenaient plus à la métaphysique ou à la religion qu'à la science. Cependant, il est apparu récemment que les lois de la science restent valides au commencement même de l'Univers. Dans ce cas, l'Univers pourrait être autonome et entièrement déterminé par les lois de la science.

Le débat sur l'existence et les modalités d'un commencement de l'Univers a couru tout au long de

---

1. Conférence prononcée lors du congrès sur les trois cents ans de la gravité tenu à Cambridge en juin 1987, pour le tricentenaire de la publication des *Principia* de Newton.

l'histoire. Fondamentalement, il existait deux écoles de pensée. De nombreuses traditions et les religions juive, chrétienne et musulmane affirmaient que l'Univers avait été créé dans un passé relativement proche. (Au XVIIᵉ siècle, l'évêque Ussher était arrivé à 4004 avant Jésus-Christ en additionnant l'âge des personnages de l'Ancien Testament.) L'évolution culturelle et technologique manifeste de l'espèce humaine plaidait en faveur de l'idée d'une origine récente. Nous nous souvenons de qui a accompli tel exploit ou inventé telle technique. Donc, selon cet argument, nous ne pouvons avoir été là depuis si longtemps. Sinon, nous aurions déjà progressé beaucoup plus que nous ne l'avons fait. En fait, la date de création selon la Bible n'est pas très éloignée de celle de la fin de la dernière ère glaciaire, qui correspond, semble-t-il, à l'apparition des êtres humains modernes.

De l'autre côté, il existait des gens, comme le philosophe grec Aristote, qui n'aimaient pas l'idée que l'Univers ait eu un commencement. Ils sentaient que cela impliquait une intervention divine. Ils préféraient croire que l'Univers avait toujours existé et existerait toujours. Quelque chose d'éternel était plus parfait que le produit d'une création. Ils avaient une réponse à l'argument du progrès humain que j'ai rapporté : périodiquement, des déluges et autres catastrophes naturelles renvoyaient l'espèce humaine à la case départ.

Ces deux écoles de pensée soutenaient que l'Univers était essentiellement immuable au cours du temps. Il avait été créé dans sa forme présente ou bien il avait de tout temps existé tel qu'il était aujourd'hui. C'était une croyance naturelle en ces temps, parce que la vie humaine, et, d'ailleurs toute l'histoire enregistrée, sont si courtes que l'Univers n'a pas connu de changements significatifs dans l'intervalle. Dans un Univers statique, immuable, la question de savoir si celui-ci existe depuis l'éternité ou s'il a été créé s'adresse réellement à la métaphysique et à la religion : l'une ou l'autre peuvent expliquer un tel Univers. En 1781, le philosophe Emmanuel Kant a écrit un ouvrage monumental et fort ardu, la *Critique de la raison pure*. Il y concluait qu'il existait des arguments également valables en faveur d'un univers créé et d'un univers éternel. Comme le laisse entendre le titre, ses conclusions étaient fondées sur la simple raison. En d'autres termes, elles ne reposaient en rien sur des observations de l'Univers. Après tout, qu'y avait-il à observer dans un univers immuable ?

Au XIXᵉ siècle cependant, les preuves ont commencé à s'accumuler que la Terre, et le reste de l'Univers, avaient en fait changé au cours du temps. D'une part, les géologues se sont aperçus que la formation des roches et des fossiles qu'elles contiennent, avait nécessité des centaines ou des milliers de millions d'années. C'était bien plus que l'âge de la Terre selon les créationnistes. D'autre part, le physicien allemand Ludwig Boltzmann a découvert la seconde loi de la thermodynamique. Celle-ci affirme que la somme totale du désordre de l'Univers (qui est mesurée par une quantité appelée « entropie ») croît toujours avec le temps. Cela, comme l'argument du progrès humain, suggère que l'Univers ne peut exister que depuis un temps fini. Sinon, l'Univers aurait depuis longtemps dégénéré en un état de désordre complet, où tout serait à la même température.

Une autre difficulté rencontrée par l'idée d'univers statique était que, selon la loi de la gravitation de

Newton, chaque étoile de l'Univers doit être attirée par une autre étoile. Dans ce cas, comment peuvent-elles rester à distance les unes des autres ? Ne doivent-elles pas tomber toutes les unes sur les autres ?

Newton était conscient de ce problème de l'attraction mutuelle des étoiles. Dans une lettre à Richard Bentley, important philosophe de l'époque, il a reconnu qu'un ensemble *fini* d'étoiles ne pouvait rester immobile : elles tomberaient toutes les unes sur les autres en un point central. Cependant, il plaidait en faveur de l'idée qu'un ensemble infini d'étoiles ne s'effondrerait pas, car il n'y aurait pas de point central sur lequel tomber. Cet argument est un exemple des pièges dans lesquels on peut tomber lorsqu'on parle de systèmes infinis. En utilisant différentes manières d'additionner les forces exercées sur chaque étoile par l'infinité des autres étoiles, on obtient différentes réponses à la question : peuvent-elles rester à distance constante les unes des autres ? Nous savons à présent que la procédure de calcul correcte consiste à considérer le cas d'une région *finie*, contenant donc un nombre fini d'étoiles. On ajoute ensuite de nouvelles étoiles, distribuées de manière approximativement uniforme autour de cette région. Un ensemble fini d'étoiles s'effondrera sur lui-même ; et selon la loi de la gravité de Newton, ajouter de nouvelles étoiles n'y changera rien. Ainsi, une collection infinie d'étoiles ne peut rester immobile. Si elles ne sont pas en déplacement les unes par rapport aux autres, leur attraction mutuelle les fera tomber les unes sur les autres. Ou bien il est possible qu'elles s'éloignent les unes des autres, la gravité ralentissant la vitesse de récession.

Malgré les difficultés que soulevait l'idée d'un univers statique et immuable, personne aux XVIIe, XVIIIe et XIXe siècles, ni même au début du XXe, n'avait imaginé que l'Univers pouvait évoluer au cours du temps. Newton et Einstein ont tous deux manqué l'occasion de prédire que l'Univers devait être en expansion ou bien en contraction. On ne peut pas vraiment en tenir rigueur à Newton, parce que c'était deux cent cinquante ans avant la découverte par l'observation que l'Univers était en expansion. Mais Einstein aurait pu mieux faire. La théorie de la relativité générale qu'il a formulée en 1915 prédisait que l'Univers était en expansion. Mais il restait tellement convaincu que l'Univers était statique qu'il a ajouté une « constante cosmologique » à sa théorie pour contrebalancer la gravité et retrouver un accord avec la théorie newtonienne.

La découverte de l'expansion de l'Univers par Edwin Hubble en 1929 a radicalement métamorphosé le débat sur son origine. Si vous prenez le mouvement actuel des galaxies et remontez dans le temps, il semble qu'elles ont dû être toutes empilées les unes sur les autres à un certain moment, il y a entre dix et vingt millions d'années. À cet instant, que l'on appelle le *big bang*, la densité de l'Univers et la courbure de l'espace-temps auraient été infinies. Dans une telle situation, toutes les lois scientifiques connues cesseraient de s'appliquer. Ce serait un désastre pour la science. Cela signifierait que la science seule ne pourrait prédire comment l'Univers est né. La science pourrait seulement dire : l'Univers est comme il est maintenant parce qu'il est comme il était avant. Mais la science ne pourrait pas expliquer pourquoi il est comme il était juste après le *big bang*.

Il n'est pas étonnant que de nombreux scientifiques

aient été mécontents de cette conclusion. On a donc
fait diverses tentatives pour éviter de conclure qu'il
devait y voir une singularité du *big bang*, et donc un
commencement du temps. L'une d'elles était la « théorie de l'état stationnaire ». L'idée était qu'à mesure que
les galaxies s'éloignaient les unes des autres, de nouvelles galaxies se formaient dans l'espace intergalactique à partir d'une création continue de matière.
L'Univers aurait toujours existé, et continuerait éternellement d'exister, dans un état plus ou moins semblable à celui d'aujourd'hui.

Pour que l'Univers poursuive son expansion et qu'il
y ait création de matière nouvelle, le modèle de l'état
stationnaire nécessitait une modification de la relativité
générale, mais le taux de création nécessaire était très
faible : environ une particule par kilomètre cube par
an, ce qui n'était pas démenti par les observations. La
théorie prédisait aussi que la densité moyenne des
galaxies et autres objets semblables devait être
constante, à la fois dans l'espace et dans le temps.
Cependant, une enquête sur les sources radio extra-
galactiques menée par Martin Ryle et son groupe de
Cambridge a montré que les sources faibles étaient
beaucoup plus nombreuses que les sources puissantes.
On pouvait s'attendre à ce que, en moyenne, les sources
faibles soient plus éloignées que les sources puissantes.
Il y avait donc deux possibilités : nous étions dans une
région de l'Univers où les sources puissantes étaient
moins nombreuses que la moyenne ; ou bien la densité
des sources avait été plus élevée dans le passé, au
moment où les ondes avaient quitté les sources les plus
lointaines. Ni l'une ni l'autre de ces possibilités n'était
compatible avec la prédiction de la théorie de l'état
stationnaire selon laquelle la densité des sources radio

devait être constante dans l'espace et dans le temps. Le coup final fut porté à la théorie par la découverte, en 1964, par Arno Penzias et Robert Wilson d'un fond de rayonnement micro-onde. Celui-ci avait le spectre caractéristique d'un rayonnement de corps chaud, bien que dans ce cas le terme « chaud » ne soit guère approprié, puisque la température n'était que de 2,7 degrés au-dessus du zéro absolu. L'Univers est un endroit froid et sombre ! Il n'existait pas de mécanisme raisonnable dans la théorie de l'état stationnaire pour produire des micro-ondes ayant un tel spectre. La théorie a donc dû être abandonnée.

En 1963, deux Russes, Evgueni Lifchitz et Isaac Khalatnikov, ont proposé une autre manière d'éviter la singularité du *big bang*. Selon eux l'état de densité infinie n'apparaîtrait que si les galaxies se déplaçaient droit les unes sur les autres ; alors seulement toutes les galaxies se seraient trouvées en un même point dans le passé. Cependant, on pouvait s'attendre à ce que les galaxies connaissent aussi de légers déplacements latéraux, et cela rendait possible que, lors d'une phase de contraction, les galaxies aient été très proches les unes des autres, mais sans se percuter. L'Univers aurait pu ensuite connaître une nouvelle phase d'expansion, sans passer par un état de densité infinie.

Lorsque Lifchitz et Khalatnikov ont formulé leur hypothèse, j'étais étudiant-chercheur et en quête d'un sujet pour ma thèse de doctorat. La question de savoir s'il existait une singularité du *big bang* m'intéressait parce qu'elle était d'une importance cruciale pour la compréhension de l'origine de l'Univers. Avec Roger Penrose, j'ai développé un nouvel ensemble de techniques mathématiques pour traiter de ce problème et de questions semblables. Nous avons montré que si la relativité générale était juste, tout modèle raisonnable de l'Univers devait démarrer par une singularité. Cela signifiait que la science pouvait prédire que l'Univers devait avoir eu un commencement, mais qu'elle ne pouvait prédire comment l'Univers *devait* commencer : pour cette question, il fallait s'en remettre à Dieu.

Il a été intéressant d'observer l'évolution de l'opinion quant aux singularités. Quand j'étais en troisième cycle, presque personne ne les prenait au sérieux. Aujourd'hui, après les théorèmes de singularité, presque tout le monde croit que l'Univers a commencé en une singularité où les lois de la physique ne s'appliquent plus. Cependant, je pense à présent que bien qu'il existe une singularité, les lois de la physique peuvent toujours déterminer comment l'Univers a commencé.

La théorie de la relativité générale est ce que l'on appelle une théorie classique. C'est-à-dire qu'elle ne tient pas compte du fait que les particules n'ont pas une position et une vitesse bien définies, mais qu'elles sont « étalées » sur une petite région par le principe d'incertitude de la mécanique quantique, qui interdit que l'on mesure précisément à la fois la position et la vitesse. Cela importe peu dans les situations normales, parce que le rayon de courbure de l'espace-temps est énorme par rapport à l'incertitude sur la position d'une particule. Cependant, les théorèmes de singularité indiquent que l'espace-temps sera fortement distordu, avec un très faible rayon de courbure, au début de la phase d'expansion actuelle de l'Univers. Dans cette situation, le principe d'incertitude deviendra très important. Ainsi, la relativité générale cause sa propre perte en prédisant des singularités. Afin de discuter des débuts de l'Univers, il nous faut une théorie qui combine la relativité générale et la mécanique quantique.

Cette théorie est la gravité quantique. Nous ne savons pas encore quelle forme précise prendra une théorie correcte de la gravité quantique. Le meilleur candidat que nous ayons à l'heure actuelle est la théorie des supercordes, mais il reste un certain nombre de difficultés non résolues. Cependant, nous pouvons nous attendre à retrouver certains traits communs à toute théorie viable. L'un est l'idée d'Einstein que l'effet de la gravité peut être représenté par un espace-temps qui est courbé ou distordu — gauchi — par la matière ou l'énergie qui s'y trouvent. Les objets essaient de suivre le chemin qui ressemble le plus à une ligne droite dans cet espace courbe. Cependant, parce qu'il est courbe, les chemins paraissent incurvés, comme par un champ gravitationnel.

Un autre élément que nous pensons retrouver dans la théorie finale est la proposition de Richard Feynman selon laquelle la mécanique quantique peut être formulée comme une somme sur les histoires. Sous sa forme la plus simple, l'idée est que chaque particule a tous les chemins, ou histoires, possibles dans l'espace-temps. Chaque chemin ou histoire a une probabilité qui dépend de sa forme. Pour que cette idée fonctionne, il faut considérer les histoires qui se déroulent dans le temps « imaginaire » plutôt que dans le temps réel dans lequel nous percevons notre existence. Le temps imaginaire peut ressembler à de la science-fiction, mais c'est un concept mathématique parfaitement bien défini. On peut se le représenter comme une dimension temporelle à angle droit du temps réel. On additionne les probabilités de toutes les histoires de la particule possédant certaines propriétés, comme de passer par des points définis à des instants définis. Il faut ensuite extrapoler le résultat pour revenir au temps réel dans lequel nous vivons. Ce n'est pas l'approche la plus commune de la théorie quantique, mais elle donne les mêmes résultats que d'autres méthodes.

Dans le cas de la gravité quantique, l'idée due à Feynman d'une « somme sur les histoires » impliquerait de faire une somme sur les différentes histoires possibles de l'Univers, c'est-à-dire sur les différents espaces-temps courbes. Ceux-ci représenteraient l'histoire de l'Univers et de tout ce qu'il contient. Il faut spécifier quelle classe parmi tous les espaces courbes possibles devra être prise en compte dans la somme sur les histoires. Le choix de cette classe d'espaces détermine l'état dans lequel se trouve l'Univers. Si la classe d'espaces courbes qui définit l'état de l'Univers incluait des espaces ayant des singularités, la probabilité de tels espaces ne serait pas déterminée par la théorie. Il serait nécessaire de les fixer d'une manière arbitraire. Ce que cela signifie, c'est que la science ne pourrait prédire les probabilités des histoires de l'espace-temps contenant des singularités. Elle ne pourrait donc pas prédire le comportement de l'Univers. Cependant, il est possible que l'Univers soit dans un état défini par une somme qui ne comprenne que des espaces courbes sans singularité. Dans ce cas, les lois de la science détermineraient entièrement l'Univers : il ne serait pas nécessaire de faire appel à un agent extérieur à l'Univers pour déterminer son commencement. D'une certaine manière, la proposition selon laquelle l'état de l'Univers est déterminé par une somme sur les seules histoires dépourvues de singularité ressemble à l'histoire de l'ivrogne qui cherche sa clef sous un réverbère : ce n'est peut-être pas là qu'il l'a perdue, mais c'est le seul endroit où il a une chance de la retrouver. L'Univers n'est peut-être pas dans l'état défini par une somme sur les histoires dépourvues de singularités, mais c'est le seul état dans lequel la science puisse prédire ce qu'il doit être.

En 1983, Jim Hartle et moi-même avons avancé l'idée que l'état de l'Univers devrait être donné par la somme sur une certaine classe d'histoires. Cette classe est celle des espaces courbes sans singularité et de taille finie. Ils ressembleraient à la surface de la Terre, mais avec deux dimensions supplémentaires. La surface de la Terre est d'une taille finie, mais elle n'a pas de singularité, elle n'a ni frontière ni bord. Je l'ai vérifié par l'expérience : j'ai fait le tour du monde et je ne suis pas tombé.

La proposition que Hartle et moi-même avons faite peut être paraphrasée ainsi : la condition aux limites de l'Univers est qu'il n'a pas de bord. Ce n'est que si l'Univers est « sans bord » que les lois de la science suffisent à déterminer le comportement de l'Univers. Si l'Univers est dans n'importe quel autre état, la « somme sur les histoires » portera aussi sur des espaces contenant des singularités. Afin de déterminer les probabilités de telles histoires singulières, il faudrait invoquer un principe autre que les lois connues de la science. Ce principe serait extérieur à notre Univers. Nous ne pourrions le déduire de l'intérieur de notre Univers. En revanche, si l'Univers est « sans bord », nous pourrions, en principe, déterminer entièrement la manière dont il doit se comporter, dans les limites posées par le principe d'incertitude.

Ce serait manifestement sympathique pour la science

si l'Univers était « sans bord », mais comment pouvons-nous dire si c'est le cas ? La réponse est que la proposition « pas de bord » permet des prédictions bien précises sur le comportement de l'Univers. Si ces prédictions ne s'accordaient pas avec les observations, nous devrions en conclure que l'Univers n'est pas « sans bord ». Ainsi, l'hypothèse selon laquelle l'univers n'a « pas de bord » est une bonne théorie scientifique, au sens du philosophe Karl Popper : elle peut être falsifiée par l'observation.

Si les observations démentent les prédictions, nous saurons qu'il doit exister des singularités dans la classe des histoires possibles. Cependant, c'est à peu près tout ce que nous saurions. Nous ne serions pas en mesure de calculer les probabilités des histoires contenant des singularités. Ainsi nous ne serions pas capables de prédire le comportement de l'Univers. On pourrait croire que cette non-prédictibilité n'importerait pas beaucoup si elle ne concernait que le *big bang* ; après tout, c'est une affaire vieille de dix ou vingt milliards d'années. Mais si la prédictibilité cesse dans les champs gravitationnels très intenses du *big bang*, elle pourrait tout aussi bien cesser chaque fois qu'une étoile s'effondre sur elle-même. Cela peut arriver plusieurs fois par semaine, dans notre seule galaxie. Ainsi notre pouvoir de prédiction serait médiocre, même jugé à l'aune des prévisions météorologiques.

Bien sûr, on pourrait dire qu'il importe peu que l'on ne puisse prédire ce qui se passe dans une étoile lointaine. Cependant, selon la théorie quantique, tout ce qui n'est pas expressément défendu peut, et va, se passer. Ainsi, si la classe des histoires possibles inclut des espaces contenant des singularités, ces singularités peuvent advenir n'importe où, pas seulement lors du *big bang* et dans les étoiles en cours d'effondrement. Cela signifierait que nous ne pourrions plus rien prédire. Réciproquement, le fait que nous soyons capables de prédire des événements est une preuve expérimentale contre l'existence de singularités et en faveur de la proposition « pas de bord ».

Quelle est donc la prédiction pour l'Univers qui va de pair avec l'hypothèse qu'il est « sans bord » ? Tout d'abord, toutes les histoires possibles de l'Univers étant de dimension finie, quelle que soit la quantité que l'on utilise pour mesurer le temps, elle aura une valeur maximale et une valeur minimale. Ainsi, l'Univers aura un commencement et une fin. Le commencement dans le temps réel sera la singularité du *big bang*. En revanche, le début dans le temps imaginaire ne sera pas une singularité. Cela ressemblera plutôt au Pôle Nord de la Terre. Si on prend les degrés de latitude sur la Terre comme analogues du temps, on pourrait dire que la surface de la Terre commence au Pôle Nord. Pourtant, le Pôle Nord est un point parfaitement ordinaire de la surface de la Terre. Il n'a aucun caractère particulier et les mêmes lois sont valables au Pôle Nord et en tout autre lieu de la Terre. De la même façon, l'événement que nous pourrions choisir de désigner comme « le commencement de l'Univers dans le temps imaginaire » serait un point ordinaire de l'espace-temps, semblable à tous les autres. Les lois de la science y seraient tout aussi valides que partout ailleurs.

En poursuivant l'analogie avec la surface de la Terre, on pourrait s'attendre à ce que la fin de l'Univers soit semblable au début, de même que le Pôle Sud ressemble beaucoup au Pôle Nord. Cependant les Pôles Nord et Sud correspondent au début et à la fin de l'histoire de l'Univers dans le temps imaginaire, et non dans le temps réel que nous éprouvons. Si l'on extrapole les résultats de la somme sur les histoires du temps imaginaire au temps réel, on trouve que le début de l'Univers dans le temps réel peut être très différent de sa fin.

Jonathan Halliwell et moi-même avons effectué un calcul approximatif des implications de la condition « sans bord ». Nous avons traité l'Univers comme un fond parfaitement lisse et uniforme sur lequel existent de légères perturbations de densité. Dans le temps réel, l'Univers paraîtrait commencer son expansion avec un rayon très faible. Au début, l'expansion serait « inflationniste », comme on dit. C'est-à-dire que l'Univers doublerait de taille chaque minuscule fraction de seconde, tout comme les prix doublent chaque année dans certains pays. Le record mondial d'inflation économique appartient sans doute à l'Allemagne d'entre les deux guerres. Le prix d'une miche de pain était passé en quelques mois de moins d'un mark à un million de marks. Mais ce n'est rien à côté de l'inflation que semble avoir connu l'Univers primordial : une augmentation de taille d'un facteur supérieur à un million de millions de millions de millions de millions de fois en une fraction de seconde. Bien sûr, cela se passait avant le gouvernement actuel.

Cette inflation a été une bonne chose en ce qu'elle a produit un univers lisse et uniforme à grande échelle ; il poursuit son expansion juste au taux critique lui évitant de se réeffondrer sur lui-même. L'inflation a aussi été une bonne chose en ce qu'elle a produit tout le contenu de l'Univers à partir de littéralement rien. Pourtant, il existe aujourd'hui au moins 10 puissance 80 (un suivi de quatre-vingts zéros) particules dans la partie de l'Univers que nous pouvons observer. D'où viennent toutes ces particules ? La réponse est que la relativité et la mécanique quantique permettent la création de matière à partir de l'énergie, sous la forme de paires particule/antiparticule. Alors, d'où provient l'énergie qui a permis cette création de matière ? La réponse est qu'elle a été empruntée à l'énergie gravitationnelle de l'Univers. L'Univers a une énorme dette en énergie gravitationnelle négative, qui compense exactement l'énergie positive de la matière. Durant la période inflationniste, l'Univers a lourdement emprunté à son énergie gravitationnelle pour financer la création de matière. Le résultat en a été un triomphe d'économie keynésienne : un univers vigoureux et en pleine expansion, rempli d'objets matériels. La dette en énergie gravitationnelle ne devra pas être réglée avant la fin de l'Univers.

L'Univers primordial ne pouvait être parfaitement homogène et uniforme, parce que cela aurait violé le principe d'incertitude de la mécanique quantique. Il s'est nécessairement produit des écarts par rapport à la densité uniforme. Si l'univers est « sans bord », ces différences de densité commencent à leur état de base : elles sont aussi minimes que possible, dans la mesure du principe d'incertitude. Cependant, durant la phase d'expansion inflationniste, ces différences s'amplifieraient. Après la fin de cette période, on se retrouverait avec un univers en expansion légèrement plus rapide en certains endroits qu'en d'autres. Dans les régions de faible expansion, l'attraction gravitationnelle de la matière ralentirait encore plus l'expansion. Finalement, la région cesserait son expansion et se contracterait pour former des galaxies et des étoiles. Ainsi, l'idée d'Univers « sans bord » permet de rendre compte de la structure complexe que nous observons autour de nous. Cependant, elle ne permet pas une prédiction unique pour l'Univers. Au contraire, elle prédit toute une famille d'histoires possibles, chacune ayant sa propre probabilité. Il pourrait exister une histoire possible dans laquelle le Parti travailliste aurait gagné les dernières élections britanniques, bien que la probabilité soit faible.

Cette hypothèse a des implications profondes quant au rôle de Dieu dans les affaires de l'Univers. Il est à présent généralement reconnu que l'Univers évolue suivant des lois bien définies. Ces lois peuvent avoir été ordonnées par Dieu, mais il semble qu'Il n'intervienne pas dans l'Univers pour briser les lois. Cependant, jusque récemment, on pensait que ces lois ne s'appliquaient pas au début de l'Univers. Il aurait été du bon vouloir de Dieu de remonter le mécanisme et de mettre le monde en marche, de la manière qu'Il voulait. Ainsi, l'état présent de l'Univers serait le résultat du choix par Dieu des conditions initiales.

La situation serait cependant très différente si l'hypothèse d'un univers « sans bord » ou un équivalent était juste. Dans ce cas, les lois de la physique tiendraient y compris au commencement de l'Univers. Dieu n'aurait donc pas le libre choix des conditions initiales. Bien sûr, Dieu aurait toujours le libre choix des lois auxquelles obéit l'Univers. Cependant, ce n'est pas un choix bien large. Il ne peut y avoir qu'un petit nombre de lois qui forment un ensemble cohérent et qui rendent possible l'existence d'êtres complexes comme nous-mêmes, capables de se poser la question : quelle est la nature de Dieu ?

Même s'il n'existe qu'un ensemble unique de lois

possibles, ce n'est qu'un ensemble d'équations. Qu'est-ce qui insuffle le feu aux équations et leur donne un univers à gouverner ? L'ultime théorie unifiée est-elle si irrésistible qu'elle cause sa propre existence ? Bien que la science puisse résoudre le problème de la manière dont a commencé l'Univers, elle ne pourra pas répondre à la question : pourquoi l'Univers s'est-il donné la peine d'exister ?

Chapitre 9

La mécanique quantique des trous noirs [1]

Les trente premières années de ce siècle ont vu l'émergence de trois théories qui ont radicalement altéré notre conception de la physique et de la réalité elle-même. Les physiciens n'ont pas fini d'explorer leurs implications et de s'efforcer de les concilier. Ces trois théories sont la relativité restreinte (1905), la relativité générale (1915) et la mécanique quantique (vers 1926). Albert Einstein a été largement responsable de la première, entièrement de la seconde, et il a joué un rôle majeur dans le développement de la troisième. Pourtant, Einstein n'a jamais accepté la mécanique quantique à cause du rôle qu'y jouent le hasard et l'incertitude. Ses sentiments sont résumés par la formule souvent citée : « Dieu ne joue pas aux dés. » La plupart des physiciens ont cependant accepté sans réserve à la fois la relativité restreinte et la mécanique quantique, parce qu'elles décrivaient des effets qui pouvaient être observés directement. La relativité générale, en

---

1. Article publié dans le numéro de janvier 1977 de *Scientific American*.

revanche, a été largement ignorée parce qu'elle apparaissait d'une trop grande complexité mathématique, qu'elle ne pouvait être testée en laboratoire et que c'était une théorie purement classique ; elle semblait donc incompatible avec la mécanique quantique. Ainsi, la relativité générale est restée dans le marasme durant près de cinquante ans.

Les progrès importants intervenus dans les observations astronomiques depuis le début des années soixante ont suscité un regain d'intérêt pour la théorie classique de la relativité générale, parce qu'il semblait que nombre des phénomènes qui venaient d'être découverts, comme les quasars, les pulsars et autres sources compactes de rayons X, indiquaient l'existence de champs gravitationnels très intenses, qui ne pouvaient être décrits que dans le cadre de la relativité générale. Les quasars sont des objets semblables à des étoiles mais ils doivent être beaucoup plus brillants que des galaxies entières s'ils sont aussi éloignés que l'indique le décalage vers le rouge de leur spectre ; les pulsars sont les résidus clignotants de supernovae qui ont explosé et dont on pense que ce sont des étoiles à neutrons ultradenses ; les sources compactes de rayons X, révélées par des instruments embarqués dans des véhicules spatiaux, pourraient aussi être des étoiles à neutrons ou bien des objets hypothétiques d'une densité encore supérieure, à savoir des trous noirs.

Un des problèmes qu'ont rencontrés les physiciens qui ont cherché à appliquer la relativité générale à ces objets nouvellement découverts ou hypothétiques a été de la rendre compatible avec la mécanique quantique. Au cours de ces dernières années, certains développements ont donné l'espoir d'aboutir à relativement courte échéance à une théorie quantique de la gravité pleinement cohérente, qui s'accorde avec la relativité générale pour les objets macroscopiques et qui soit délivrée, espère-t-on, des infinis mathématiques qui ont longtemps affecté d'autres théories de champs quantiques. Ces développements sont liés à certains effets quantiques associés aux trous noirs récemment découverts, qui permettent un intéressant rapprochement avec les lois de la thermodynamique.

Permettez-moi de décrire brièvement comment un trou noir pourrait apparaître. Imaginez une étoile d'une masse dix fois supérieure à celle du Soleil. Durant la majeure partie de sa vie, longue d'environ un milliard d'années, l'étoile produira de la chaleur en transformant l'hydrogène en hélium. Cette énergie créera une pression suffisante pour contrebalancer les effets de la gravité de l'étoile, donnant naissance à un objet ayant un rayon environ cinq fois supérieur à celui du Soleil. La vitesse d'échappement depuis la surface d'une telle étoile serait d'environ mille kilomètres par seconde. C'est-à-dire qu'un objet tiré verticalement depuis la surface de l'étoile avec une vitesse initiale inférieure à mille kilomètres par seconde serait retenu par le champ gravitationnel de l'étoile et retomberait à sa surface, tandis qu'un objet doté d'une vitesse initiale supérieure pourrait s'échapper dans l'infini.

Lorsque l'étoile aura épuisé son combustible nucléaire, plus rien ne maintiendra la pression centrifuge et l'étoile commencera à s'effondrer sous l'effet de sa propre gravité. À mesure que l'étoile rapetissera, le champ gravitationnel à sa surface deviendra de plus en plus intense et la vitesse d'échappement augmentera. Lorsque le rayon sera descendu jusqu'à une trentaine de kilomètres, la vitesse d'échappement aura atteint trois cent mille kilomètres par seconde, soit la vitesse de la lumière. Après cet instant, toute lumière émise par l'étoile ne pourra plus s'échapper dans l'infini, mais sera retenue par le champ gravitationnel. Selon la théorie de la relativité restreinte, rien ne peut voyager plus vite que la vitesse de la lumière ; donc, si la lumière ne peut s'échapper, rien d'autre ne le pourra.

Le résultat serait un trou noir : une région de l'espace-temps dont il est impossible de s'échapper vers l'infini. La frontière du trou noir s'appelle l'« horizon d'événement ». Elle correspond à un front d'onde lumineuse qui manque tout juste de s'échapper vers l'infini et reste à planer au rayon de Schwarzschild : $2\,GM/c^2$, où G est la constante de gravitation de Newton, M la masse de l'étoile et c la vitesse de la lumière. Pour une étoile d'une dizaine de masses solaires, le rayon de Schwarzschild est d'environ trente kilomètres.

On dispose aujourd'hui d'assez bons témoignages observationnels qui laissent supposer que des trous noirs de cet ordre de grandeur existent dans des systèmes binaires tels que la source de rayons X nommée Cygnus X-1. Il pourrait aussi y avoir un grand nombre de trous noirs beaucoup plus petits disséminés dans l'Univers, résultant non pas de l'effondrement gravitationnel d'étoiles, mais de l'effondrement de régions hautement comprimées dans le milieu chaud et dense que l'on pense avoir existé peu après le *big bang* d'où est né l'Univers. Ces trous noirs « primordiaux » sont du plus grand intérêt pour les effets quantiques que je vais décrire ici. Un trou noir pesant un milliard de tonnes (soit à peu près la masse d'une montagne) aurait un rayon d'environ 10^{-13} centimètres (la taille d'un neutron ou d'un proton). Il pourrait orbiter autour du Soleil ou du centre de la Galaxie.

Le premier indice d'un lien possible entre trous noirs et thermodynamique est apparu avec la découverte mathématique, faite en 1970, que la superficie de l'horizon d'événement, la frontière d'un trou noir, a la propriété de toujours croître lorsque de la matière ou du rayonnement additionnels tombent dans le trou noir. Qui plus est, si deux trous noirs entrent en collision et fusionnent, la superficie de l'horizon d'événement entourant le trou noir qui en résulte est supérieure à la somme des superficies des horizons d'événement des trous noirs originaux. Ces propriétés suggèrent une ressemblance entre la superficie de l'horizon d'événement d'un trou noir et le concept d'entropie de la thermodynamique. L'entropie peut être conçue comme une mesure du désordre d'un système ou, de manière équivalente, comme de la non-connaissance de son état précis. La célèbre seconde loi de la thermodynamique dit que l'entropie croît toujours avec le temps.

L'analogie entre les propriétés des trous noirs et les lois de la thermodynamique a été étendue par James M. Bardeen de l'université de Washington, Brandon Carter, qui travaille à présent à l'Observatoire de Meudon et moi-même. La première loi de la thermodynamique stipule qu'un léger changement dans l'entropie d'un système s'accompagne d'un changement proportionnel dans son énergie. Le fait de la proportionnalité s'appelle la température du système. Bardeen, Carter et moi-même avons découvert qu'une loi semblable lie le changement de masse d'un trou noir à un changement de la superficie de l'horizon d'événement. Ici, le facteur de proportionnalité implique une quantité appelée « gravité de surface », qui est une mesure de l'intensité du champ gravitationnel à l'horizon d'événement. Si l'on accepte l'analogie entre la superficie de l'horizon d'événement et l'entropie, il semble alors que la gravité de surface soit analogue à la température. La ressemblance est renforcée par le fait que la gravité de surface s'avère être la même en tous les points de l'horizon d'événement, de même que la température est la même en tous les points d'un corps en équilibre thermique.

Bien qu'il existe manifestement une similitude entre entropie et superficie de l'horizon d'événement, nous ne voyons pas clairement comment la superficie pouvait être identifiée comme l'entropie du trou noir. Qu'est-ce que cela pouvait signifier, l'entropie d'un trou noir ? La suggestion cruciale a été apportée en 1972 par Jacob D. Bekenstein, qui était alors étudiant de troisième cycle à Princeton et qui travaille à présent à l'université du Néguev, en Israël. Lorsqu'un trou noir est créé par effondrement gravitationnel, il s'installe rapidement dans un état stationnaire qui est caractérisé par trois paramètres seulement : la masse, le moment angulaire et la charge électrique. Hormis ces trois propriétés, le trou noir ne conserve aucune autre caractéristique de l'objet qui s'est effondré. Cette conclusion, connue comme le théorème « Un trou noir n'a pas de cheveux », a été démontrée par les travaux combinés de Carter, Werner Israel de l'université de l'Alberta, David C. Robinson de King's College (Londres) et moi-même.

Ce théorème implique qu'une grande quantité d'information est perdue lors d'un effondrement gravitationnel. Par exemple, le trou noir final est indépendant de la composition du corps, matière ou antimatière, ainsi que de sa forme, qu'elle soit sphérique ou très irrégulière. En d'autres termes, un trou noir d'une masse, d'un moment angulaire et d'une charge électrique donnés peut résulter de l'effondrement gravitationnel de n'importe laquelle d'un grand nombre de configurations de la matière. En vérité, si l'on négligeait les effets quantiques, le nombre de configurations serait infini, car le trou noir pourrait être issu de l'effondrement d'un nuage comprenant un nombre indéfiniment grand de particules de masse indéfiniment petite.

Cependant, le principe d'incertitude de la mécanique quantique implique qu'une particule de masse m se comporte comme une onde de longueur h/mc, où h est la constante de Planck (6,62 $\times$ 10^{-27} erg-seconde) et c la vitesse de la lumière. Pour qu'un nuage de particules soit capable de s'effondrer et de former un trou noir, il semblerait nécessaire que cette longueur d'onde soit inférieure à la taille du trou noir résultant. Il apparaît donc que le nombre des configurations capables de former un trou noir de masse, moment angulaire et charge électrique donnés, bien que très grand, pourrait être fini. Bekenstein suggère que l'on pourrait interpréter le logarithme de ce nombre comme l'entropie du trou noir. Le logarithme de ce nombre serait la mesure de la quantité d'information irrémédiablement perdue lors du passage de l'horizon d'événement à la création du trou noir.

Le vice apparemment fatal de la suggestion de Bekenstein était que si un trou noir possède une entropie finie proportionnelle à la superficie de son horizon d'événement, il devrait aussi avoir une température finie, qui serait proportionnelle à sa gravité de surface. Cela impliquerait qu'un trou noir puisse être en équilibre avec un rayonnement thermique à une température non nulle. Pourtant, selon les concepts classiques, un équilibre pareil est impossible, puisque le trou noir absorberait tout rayonnement thermique arrivant sur lui, mais, par définition, ne pourrait rien émettre en retour.

Ce paradoxe a subsisté jusqu'au début 1974, lorsque j'ai étudié ce que serait le comportement de la matière au voisinage d'un trou noir selon la mécanique quantique. À ma grande surprise, j'ai trouvé que le trou noir semblait émettre des particules à un rythme soutenu. Comme tout le monde à l'époque, j'acceptais la maxime selon laquelle un trou noir ne pouvait rien émettre. J'ai donc déployé de grands efforts pour essayer de me débarrasser de cet effet gênant. Mais il refusait de disparaître, si bien que je me suis finalement résigné à l'accepter. Ce qui a achevé de me convaincre que c'était effectivement un processus physique, c'est que les particules émises avaient un spectre qui était précisément thermique : le trou noir crée et émet des particules et du rayonnement tout comme si c'était un corps chaud ordinaire, avec une température proportionnelle à sa gravité de surface et inversement proportionnelle à sa masse. Cela rendait parfaitement cohérente la suggestion de Bekenstein selon laquelle un trou noir possède une entropie finie, puisque cela impliquait qu'un trou noir pouvait être en équilibre thermique à une température non nulle.

Depuis, les preuves mathématiques que les trous noirs peuvent émettre thermiquement ont été confirmées par un certain nombre d'autres gens aux approches différentes. On peut comprendre cette émission de la manière suivante : la mécanique quantique implique que l'espace entier est rempli de paires de particules-antiparticules « virtuelles », qui ne cessent de se matérialiser en paires, de se séparer, puis de se retrouver pour s'annihiler mutuellement. Ces particules sont dites « virtuelles » parce que, au contraire des particules « réelles », elles ne peuvent être observées au moyen d'un détecteur de particules. Leurs effets indirects peuvent néanmoins être mesurés et leur existence a été confirmée par un léger décalage (le « déplacement de Lamb ») qu'elles produisent dans le spectre de la lumière émise par des atomes d'hydrogène excités. En présence d'un trou noir, un des membres d'une paire de particules virtuelles peut tomber dans le trou, laissant l'autre sans partenaire avec lequel s'annihiler. La particule ou antiparticule veuve peut tomber à son tour dans le trou noir, mais elle peut aussi s'échapper dans l'infini ; dans ce cas, elle apparaîtra comme une émission du trou noir.

Une autre manière de voir ce processus consiste à considérer le membre de la paire qui tombe dans le trou noir — par exemple l'antiparticule — comme une particule voyageant en réalité à reculons dans le temps. Ainsi, l'antiparticule tombant dans le trou noir peut être considérée comme une particule sortant du trou noir, mais en reculant dans le temps. Lorsque la particule atteint le point où la paire particule-antiparticule s'est originellement matérialisée, elle est dispersée par le champ gravitationnel, si bien qu'elle avance dans le temps.

La mécanique quantique a donc permis à une particule de s'échapper de l'intérieur d'un trou noir, chose qui est interdite en mécanique classique. Il existe cependant de nombreuses autres situations en physique atomique et nucléaire où l'on trouve une barrière que les particules ne devraient pas pouvoir franchir selon les principes classiques, mais à travers lesquelles elles arrivent à filtrer en vertu des principes quantiques.

L'épaisseur de la barrière entourant un trou noir est proportionnelle à sa taille. Cela signifie que très peu de particules peuvent s'échapper d'un trou noir aussi important que celui dont on postule l'existence dans Cygnus X-1, mais que des particules peuvent fuir en grande quantité de trous noirs plus petits. Des calculs détaillés montrent que les particules émises ont des spectres thermiques correspondant à une température qui augmente rapidement quand la masse du trou noir décroît. Pour un trou noir de la masse du Soleil, la température n'est que d'un dix-millionième au-dessus du zéro absolu. Le rayonnement thermique émis par un trou noir avec cette température serait entièrement noyé dans le rayonnement de fond de l'Univers. Par contre, un trou noir ayant une masse d'un milliard de tonnes seulement, c'est-à-dire un trou noir primordial approximativement de la taille d'un proton, aurait une température de quelque cent vingt milliards de degrés Kelvin, correspondant à une énergie de quelque dix millions d'électrons-volts. À une telle température, un trou noir serait capable de créer des paires électron-positron ainsi que des particules de masse nulle, comme des photons, des neutrinos et des gravitons (les véhicules présumés de l'énergie gravitationnelle). Un trou noir primaire dégagerait de l'énergie d'une puissance de six mille mégawatts, soit l'équivalent de six grosses centrales nucléaires.

À mesure qu'un trou noir émet des particules, sa masse et sa taille décroissent régulièrement. Cela rend plus facile le passage des particules vers l'extérieur ; l'émission continuera donc à un rythme de plus en plus soutenu jusqu'à ce que le trou noir fonde entièrement. À long terme, tous les trous noirs de l'Univers s'évaporeront de cette manière. Pour de gros trous noirs, cependant, le temps que cela prendra sera très, très long : un trou noir de la masse du Soleil durera au moins 10^{66} ans. En revanche, les trous noirs primordiaux devraient à peu de chose près s'être entièrement évaporés durant les dix milliards d'années qui se sont écoulées depuis le *big bang*, le commencement de l'Univers tel que nous le connaissons. De tels trous noirs devraient à présent émettre des rayons gamma durs avec une énergie d'environ cent millions d'électrons-volts.

Des calculs effectués par Don N. Page du California Institute of Technology et moi-même, fondés sur les mesures du fond cosmique de rayonnement gamma effectuées par le satellite SAS-2, montrent que la densité moyenne des trous noirs primordiaux dans l'Univers doit être inférieure à deux cents par année-lumière cube. La densité locale dans notre galaxie pourrait être un million de fois plus élevée si les trous noirs primordiaux étaient concentrés dans le « halo » des galaxies – le mince nuage d'étoiles en mouvement rapide dans lequel chaque galaxie est enchâssée – et non uniformément distribués à travers l'Univers. Cela signifierait que le trou noir primordial le plus proche de la Terre est probablement au moins aussi éloigné que Pluton.

La dernière étape de l'évaporation d'un trou noir se passerait si rapidement que cela se terminerait par une immense explosion. La puissance de cette explosion dépendrait du nombre d'espèces différentes de particules élémentaires qui existent. Si, comme on le pense généralement aujourd'hui, toutes les particules sont constituées de peut-être six sortes de quarks, l'explosion finale aurait une énergie équivalente à environ dix millions de bombes à hydrogène d'une mégatonne. Par contre, une autre théorie des particules élémentaires avancée par R. Hagedorn du CERN affirme qu'il existe un nombre infini de particules élémentaires de masse de plus en plus élevée. À mesure qu'un trou noir rapetisserait et se réchaufferait, il émettrait un nombre de plus en plus grand d'espèces différentes de particules et aboutirait à une explosion peut-être cent mille fois plus importante que celle calculée sur la base de l'hypothèse des quarks. L'observation de l'explosion finale d'un trou noir apporterait donc des informations cruciales sur la physique des particules élémentaires, informations qui pourraient n'être accessibles par aucun autre biais.

L'explosion d'un trou noir produirait une décharge massive de rayons gamma de haute énergie. Il serait possible de les observer au moyen de détecteurs de rayons gamma placés sur des satellites ou des ballons, mais il serait difficile d'envoyer un détecteur suffisamment large pour qu'il ait une chance raisonnable d'intercepter un nombre significatif de photons de rayon gamma issus d'une explosion. Une autre possibilité serait d'utiliser une navette spatiale pour construire un grand détecteur de rayons gamma en orbite. Mais une solution plus simple et beaucoup plus économique serait d'utiliser la haute atmosphère terrestre comme détecteur. En plongeant dans l'atmosphère, un rayon gamma de haute énergie créera une pluie de paires électrons-positrons qui voyageront initialement plus vite que ne le peut la lumière (elle est freinée par des interactions avec les molécules d'air). Ainsi les électrons et les positrons créeront une sorte de *bang* supersonique, ou onde de choc, dans le champ électromagnétique. Une telle onde de choc, nommée « effet Tcherenkov », pourrait être détectée depuis le sol sous la forme d'un éclair de lumière visible.

Une expérience préliminaire conduite par Neil A. Porter et Trevor C. Weekes indique que si des trous noirs explosent de la manière prédite par la théorie de Hagedorn, il se produit moins de deux explosions de trou noir par année-lumière cube dans notre région de la Galaxie. Cela impliquerait que la densité des trous noirs primordiaux est inférieure à cent millions par année-lumière cube. Il devrait être possible d'accroître fortement la sensibilité de telles observations. Même si elles n'apportent pas de preuves positives de l'existence de trous noirs primordiaux, elles n'en seraient pas moins très précieuses. En fixant une limite supérieure basse à la densité de tels trous noirs, les observations indiqueront que l'Univers à ses débuts devait être très homogène et dépourvu de turbulence.

Le *big bang* ressemble à une explosion de trou noir, mais à une échelle immensément supérieure. On espère donc qu'en comprenant comment les trous noirs créent des particules, on arrivera à comprendre comment le *big bang* a créé tout ce qui se trouve dans l'Univers. Dans un trou noir, la matière s'effondre et elle est perdue à tout jamais, mais de la nouvelle matière est créée à sa place. Il se peut donc qu'il y ait eu une phase antérieure de l'Univers dans laquelle la matière se soit effondrée pour être recréée dans le *big bang*.

Si la matière qui s'effondre pour former un trou noir possède une charge électrique nette, le trou noir résultant portera la même charge. Cela signifie que le trou noir tendra à attirer les membres des paires de particules-antiparticules virtuelles qui possèdent la charge opposée et à repousser ceux qui sont de même charge. Le trou noir émettra donc préférentiellement des particules portant la même charge que lui-même et perdra donc rapidement sa charge. De la même manière, si la matière effondrée possède un moment angulaire net, le trou noir résultant sera en rotation et émettra préférentiellement des particules portant son moment angulaire. La raison pour laquelle un trou noir « se souvient » de la charge électrique, du moment angulaire et de la masse de la matière effondrée et « oublie » tout le reste est que ces trois quantités sont couplées à des champs à longue portée : le champ électromagnétique pour la charge, et le champ gravitationnel pour le moment angulaire et la masse.

Des expériences menées par Robert H. Dicke de Princeton et Vladimir Braguinsky de l'université d'État de Moscou ont montré qu'il n'y a pas de champ à longue portée associé aux propriétés quantiques désignées par le nombre baryonique. (Les baryons sont la classe de particules qui comprend les protons et les neutrons.) Ainsi, un trou noir formé par l'effondrement d'un ensemble de baryons oublierait son nombre baryonique et rayonnerait un nombre égal de baryons et d'antibaryons. Donc, en disparaissant, le trou noir violerait l'une des lois les plus chéries de la physique des particules, la loi de conservation des baryons.

Bien que l'hypothèse de Bekenstein, selon laquelle les trous noirs ont une entropie finie, nécessite pour sa cohérence que les trous noirs émettent un rayonnement thermique, il paraît de prime abord miraculeux que le calcul quantique précis de la création de particule aboutisse à une émission avec spectre thermique. En fait, les particules émises filtrent par effet tunnel du trou noir depuis une région dont un observateur extérieur ne connaît rien d'autre que la masse, le moment angulaire et la charge électrique. Cela signifie que toutes les combinaisons ou configurations de particules émises ayant la même énergie, le même moment angulaire et la même charge électrique sont également probables. En vérité, il est possible que le trou noir puisse émettre un poste de télévision ou l'œuvre complète de Proust en dix volumes reliés pleine peau, mais le nombre de configurations de particules qui correspondent à ces possibilités exotiques est infime. De loin, le plus grand nombre de configurations correspond à des émissions avec un spectre quasi thermique.

L'émission des trous noirs possède un degré supplémentaire d'incertitude ou d'imprédictibilité, en plus de celle normalement associée à la mécanique quantique. En mécanique classique on peut prédire les résultats de la mesure simultanée de la position et de la vitesse d'une particule. En mécanique quantique, le principe d'incertitude dit que seule l'une de ces mesures peut être prédite : l'observateur peut prédire le résultat de la mesure de la position ou de la vitesse, mais pas des deux. Ou bien il peut prédire le résultat de la mesure d'une combinaison de la position et de la vitesse. Ainsi, la capacité de l'observateur à effectuer des prédictions précises est en pratique diminuée de moitié. Avec les trous noirs, la situation est encore pire. Puisque les particules émises par les trous noirs proviennent d'une région dont l'observateur n'a qu'une connaissance très limitée, il ne peut prédire précisément ni la position, ni la vitesse d'une particule, ni aucune combinaison des deux : tout ce qu'il peut prédire, c'est la probabilité que certaines particules soient émises. En un certain sens, il semble qu'Einstein se soit doublement trompé en disant que Dieu ne jouait pas aux dés. La considération des émissions de particules des trous noirs laisse entendre que non seulement Dieu joue aux dés, mais qu'il lui arrive de les jeter là où on ne les voit même pas.

Chapitre 10

Le temps imaginaire

« Rien ne me laisse plus perplexe que le temps et l'espace, écrivait Charles Lamb en 1812. Et pourtant rien ne me pose moins problème, car je n'y pense jamais. » Je crois qu'il en va de même pour la majorité d'entre nous : nous mesurons les distances ou disons l'heure sans prendre la peine de réfléchir à ce que nous sommes réellement en train de faire. Mais nous serions bien en peine de dire ce que cela signifie. Pour l'espace, ça va encore : au moins, il reste là et on peut le montrer. Mais le temps est beaucoup plus mystérieux et éphémère : une minute passe, et plus jamais nous ne pourrons y revenir.

Quelle est donc la nature du temps ? Il existe des réponses poétiques à cette question, mais je voudrais aborder ici la manière dont on traite du temps dans les théories scientifiques. J'ai une conception positiviste de la science. C'est-à-dire que je considère une théorie scientifique comme rien de plus qu'un modèle mathématique qui décrit ce que nous observons. Ce modèle n'existe que dans notre esprit et ne possède aucune autre réalité, quoi que cela puisse signifier. Le positivisme est mal vu des philosophes en ce moment – principalement parce qu'il date un peu, me semble-t-il. Mais cela paraît la seule approche cohérente pour un scientifique.

Je voudrais décrire les réponses que nos théories actuelles donnent à des questions telles que : que peut-on faire pour ralentir le temps, ou l'accélérer ? Est-il possible de remonter le temps ? Le temps a-t-il un début et une fin ? Qu'y a-t-il au-delà de ces limites ? À quel point le temps est-il réel ?

Newton a été le premier à formuler un modèle mathématique complet de l'Univers. Ce modèle comprenait l'idée de temps absolu. Cela signifiait que l'on pouvait étiqueter les événements de manière unique au moyen d'un nombre appelé « temps ». Tous les observateurs pouvaient se mettre d'accord sur le fait que deux événements intervenus en des lieux différents s'étaient produits en même temps. En revanche, dans la théorie de Newton la position dans l'espace n'était pas absolue. En d'autres termes, différents observateurs ne tombaient pas nécessairement d'accord sur le fait que deux événements intervenus en des temps différents s'étaient produits au même point de l'espace. Cela venait de ce qu'il n'y avait pas d'étalon de l'immobilité absolue dans la théorie de Newton. Nous ne remarquons pas que la Terre tourne autour du Soleil à environ trente kilomètres par seconde, ni que le Soleil tourne autour de la Galaxie, ni que la Galaxie est elle-même en déplacement par rapport aux galaxies lointaines. La raison en est que les lois de Newton sont exactement les mêmes pour des observateurs qui se déplacent à des vitesses constantes les uns relativement aux autres. Deux événements advenant en un même point sur la Terre paraîtraient intervenir en deux lieux différents pour un observateur placé sur le soleil, à cause de la distance que la Terre aurait parcourue dans l'intervalle qui les sépare.

Dans la théorie de Newton, le temps était une chose en soi, totalement séparée de l'espace. Cela signifiait que le temps devait être comme une ligne. Il pouvait avoir un commencement, s'il y avait eu une Création, comme Newton le croyait. Et il pourrait y avoir une fin, s'il devait y avoir une Apocalypse, comme Newton le croyait aussi. Mais ce n'était rien de plus compliqué qu'une ligne droite du début jusqu'à la fin. Dans l'intervalle, le temps ne faisait pas de pitrerie, comme de décrire une boucle sur lui-même ou de se diviser en deux.

Cependant, des possibilités plus intéressantes sont apparues quand Einstein a formulé sa théorie de la relativité. Dans la théorie de Newton, les lois de la mécanique étaient les mêmes pour des observateurs différents en déplacement les uns par rapport aux autres. À cela, la théorie d'Einstein a ajouté que tous ces observateurs devaient mesurer une vitesse identique pour la lumière. On peut mesurer la vitesse de la lumière en envoyant une impulsion lumineuse d'un événement à l'autre. La vitesse de la lumière est alors la distance entre les deux événements divisée par le temps écoulé entre les deux événements. Mais des observateurs se déplaçant à des vitesses différentes ne seront pas d'accord sur la distance entre les deux événements, parce que la position dans l'espace n'est pas absolue. Par exemple, un observateur terrien ne sera pas d'accord avec un observateur placé sur le soleil, parce que la Terre se sera déplacée dans l'intervalle. Si les deux observateurs doivent calculer la même valeur pour la vitesse de la lumière, cela signifie qu'ils ne doivent pas non plus être d'accord sur l'intervalle de temps qui s'est écoulé pour eux entre les deux événements. Ainsi, le temps ne peut être absolu, au sens où les événements pourraient être étiquetés dans le temps de manière unique. Au contraire, chaque observateur a sa propre mesure du temps, et des horloges portées par différents observateurs ne seront pas nécessairement d'accord. Cela conduit au paradoxe dit « des jumeaux ». L'un des jumeaux reste sur Terre pendant que l'autre embarque sur un vaisseau spatial. À son retour, l'astronaute n'aura vieilli que de quelques années, tandis que son jumeau sédentaire sera un vieil homme. Tout cela est fort bien, mais la plupart d'entre nous ne disposent pas d'un vaisseau spatial leur permettant d'essayer. On peut cependant observer cet effet en faisant voler une horloge de très haute précision sur un vol commercial. Il faudrait néanmoins effectuer un nombre épouvantable de voyages pour prolonger ainsi sa vie d'une seule journée.

La théorie de la relativité a modifié notre concept du temps : il a cessé d'apparaître comme une dimension autonome pour devenir un élément dans une construction appelée « espace-temps ». L'espace-temps est l'ensemble de tous les événements. Chaque événement peut être étiqueté par quatre nombres, trois pour la position dans l'espace, un pour la position dans le temps. Le temps a cessé d'être universel et absolu, comme dans la théorie newtonienne ; il dépend du mouvement de l'observateur, comme la position dans l'espace.

Pour dessiner correctement l'espace-temps, il faudrait un rétroprojecteur avec un écran quadridimensionnel. Sur un écran bidimensionnel, on peut utiliser la dimension verticale pour représenter la position dans le temps et la dimension horizontale pour la position dans l'espace. En l'absence de champ gravitationnel intense, l'histoire d'un rayon lumineux serait représentée par une ligne diagonale se déplaçant vers la droite dans l'espace et vers le haut dans le temps. Dans ce cas, le temps avance simplement de bas en haut. Tout ce qu'on peut faire, c'est ralentir son temps personnel, relativement à celui d'un autre observateur, en se déplaçant à grande vitesse par rapport à lui.

La situation devient cependant beaucoup plus intéressante lorsqu'on considère des champs gravitationnels intenses. Alors l'espace-temps cesse d'être plat ; il est distordu et courbé par la présence de matière et d'énergie. Les trajectoires des rayons lumineux ne sont plus des lignes droites, mais elles sont incurvées par la gravité. Nous pouvons détecter des exemples de telles déviations en observant des étoiles dont la lumière frôle le Soleil avant de nous arriver. La position de l'étoile apparaît légèrement différente, parce que la lumière subit une légère déflection.

Cette courbure ouvre de nouvelles possibilités, comme les trous noirs. Ce sont des régions, par exemple une étoile en train de s'effondrer sur elle-même, où le champ gravitationnel devient si intense que la lumière ne peut plus s'en échapper. La lumière émise juste avant que la région devienne un trou noir aura subi une très forte courbure du champ gravitationnel. Cela signifie qu'il lui faudra très longtemps pour s'éloigner de la région. Ainsi, quelqu'un qui observerait au loin une étoile en train de s'effondrer pour former un trou noir ne verrait jamais l'étoile disparaître effectivement. Sa lumière deviendrait simplement de plus en plus faible et de plus en plus rouge, jusqu'à ce qu'elle devienne matériellement invisible.

La même chose se produirait si vous observiez un astronaute suffisamment téméraire pour sauter dans un trou noir. À un certain temps marqué par sa montre, disons 11 heures, il entrerait dans la région dont rien, ni lumière ni quoi que ce soit d'autre, ne peut s'échapper. Mais, si longtemps qu'un observateur situé à l'extérieur du trou noir attende, jamais il ne verra la montre de l'astronaute marquer 11 heures. Chaque seconde marquée par la montre prendrait de plus en plus de temps et la dernière durerait une éternité. Ainsi, en sautant dans un trou noir, on pourrait s'assurer de laisser une image éternelle, au moins pour ceux qui seraient restés en arrière. Mais l'image pâlirait très rapidement et deviendrait si faible que plus personne ne la verrait.

Les gens restés en dehors du trou noir ne verraient jamais l'histoire de l'astronaute atteindre 11 heures. Mais l'astronaute lui-même ne remarquerait rien de spécial au moment où sa montre marquerait 11 heures et où il pénétrerait dans le trou noir. À l'intérieur du trou noir, il y aurait une singularité, un endroit où l'espace et le temps prendraient fin. Il existe des solutions des équations de la relativité générale dans lesquelles l'astronaute tombant dans un trou noir pourrait éviter de toucher la singularité, et passer par un étroit passage pour ressortir par un trou blanc. Un trou blanc est l'inverse temporel d'un trou noir. C'est un objet dont on peut sortir, mais où on ne peut pas entrer. Le trou blanc pourrait se trouver dans un autre univers ou dans une autre partie de notre univers. Dans ce dernier cas, on pourrait utiliser les trous noirs pour voyager vers les galaxies lointaines. À vrai dire, il faudrait en passer par quelque chose de ce genre pour que les voyages intergalactiques deviennent matériellement possibles. Sinon, les distances sont telles qu'il faudrait des millions d'années pour aller jusqu'à la plus proche galaxie et en revenir. Mais en coupant par des trous noirs, vous pourriez être de retour pour le thé. Le problème est qu'il n'y aurait rien pour vous empêcher d'être revenu avant même d'être parti. Vous seriez alors tenté de décider de ne plus partir. Ou pire encore, quelqu'un pourrait utiliser un trou noir pour remonter dans le temps et tuer vos parents avant votre naissance. Heureusement pour notre survie, il semble que les espaces-temps où l'on peut remonter dans le temps soient instables. La moindre perturbation, comme celle causée par le passage d'un vaisseau spatial, provoquerait le pincement du passage entre le trou noir et le trou blanc. L'histoire du vaisseau spatial s'achèverait lorsqu'il serait déchiré et écrasé à la singularité, fin de l'espace et du temps.

Selon la théorie de la relativité, il devrait aussi exister une autre singularité dans notre passé, appelée « *big bang* », qui serait le commencement de notre univers. Ainsi l'histoire du temps serait plutôt plate : il commencerait au *big bang* et il s'achèverait à l'intérieur d'un trou noir, ou à l'issue de la recontraction de l'Univers tout entier. En fait, dans la relativité, soit le temps se comporte ainsi, soit il tourne en rond. Parce que la direction de l'espace-temps selon laquelle le temps augmente est très différente des directions qui correspondent aux changements de position dans l'espace. Ainsi, bien que la relativité combine l'espace et le temps dans l'espace-temps, elle n'unifie pas entièrement le temps avec l'espace. Le temps reste réellement à part, et il ressemble à une ligne.

Ce n'est qu'au cours des quinze dernières années que nous nous sommes rendus compte qu'il pourrait être possible d'utiliser la théorie quantique pour unifier pleinement le temps avec l'espace. Cela signifierait que l'on pourrait échapper à ce comportement unidimensionnel du temps. La théorie quantique a été inventée dans les années 1920 par Erwin Schrödinger et Werner Heisenberg pour décrire le comportement des très petits systèmes comme les atomes ou les particules élémentaires. Elle reposait, d'une manière fondamentale, sur l'utilisation d'une nouvelle sorte de nombres, nommés « nombres complexes ». On peut se représenter les nombres ordinaires, réels, comme une ligne. On a le zéro au milieu, les nombres positifs à droite et les négatifs à gauche. Mais on peut ensuite dessiner une autre direction de nombres, à angle droit des nombres ordinaires. Ces nombres sont appelés « nombres imaginaires ». Là encore, on a le zéro au milieu, avec les nombres imaginaires positifs au-dessus et les négatifs au-dessous. Un nombre « complexe » est alors constitué d'un nombre ordinaire, réel, et d'un de ces nombres imaginaires. Il correspond donc à un point dont la position vers la droite ou la gauche est donnée par le nombre ordinaire, réel, et la position vers le haut ou le bas par le nombre imaginaire. Ainsi, par exemple, le nombre complexe qui est la somme du nombre ordinaire un et du nombre imaginaire deux serait représenté par un point situé une unité à droite du centre et deux unités au-dessus. On peut écrire ce nombre complexe $1 + 2\,i$. Ici, i est l'unité de nombre imaginaire. Ce n'est pas réellement un nombre, au sens usuel du mot : on ne peut pas avoir *i pommes dans son panier, ni un objet pesant i* kilogrammes. Il s'agit plutôt d'un instrument comptable. Cela signifie que le nombre qui le multiplie est à angle droit des nombres ordinaires, des nombres réels.

On peut définir des règles formelles pour l'addition, la soustraction, la multiplication ou la division des nombres complexes. Cela signifie que si on a une quantité qui dépend d'une manière définie d'un nombre ordinaire, réel, on peut calculer comment elle dépendrait d'un nombre complexe. Inversement, si on sait comment des quantités dépendent de nombres purement imaginaires, on peut calculer comment elles dépendront de nombres ordinaires. L'importance de ce fait va bientôt apparaître.

Revenons à la théorie quantique. En mécanique quantique, on ne peut prédire précisément les événements, comme dans les théories de Newton et d'Einstein. On ne peut prédire que les probabilités de les voir se produire ; il y a un élément d'incertitude, ou de hasard, dans ce qui arrive. Einstein désapprouvait fortement ce caractère aléatoire ; il disait : « Dieu ne joue pas aux dés. » Mais tous les indices concordent pour montrer un Dieu joueur invétéré, qui lance les dés pour déterminer le résultat de la moindre observation.

Une bonne manière de décrire l'incertitude introduite par la théorie quantique est l'idée de « somme sur les histoires » avancée par Richard Feynman. Dans ce modèle mathématique de la réalité, une particule ne possède pas une histoire unique et bien définie. Au contraire, on peut la considérer comme parcourant tous les chemins possibles de l'espace-temps. À chaque chemin est associé un nombre complexe qui dépend de sa forme. On trouve la probabilité qu'une particule aille d'un point A à un point B en additionnant les nombres complexes correspondant à tous les chemins partant de A et aboutissant en B.

On pourrait considérer que la somme sur les histoires n'est qu'un truc mathématique qui se trouve donner des prédictions en accord avec les expériences, mais ne reflète pas la réalité sous-jacente. Cependant, si l'on adopte une conception positiviste, comme je le fais, cela ne rime à rien de parler de réalité sous-jacente. Il n'existe pas d'expérience qui permette de déterminer cette réalité. On peut seulement construire des modèles mathématiques de l'Univers, et le meilleur modèle est celui qui rend compte précisément des observations en étant aussi élégant que possible. De ce point de vue, la somme sur les histoires a de solides prétentions à être acceptée comme modèle du comportement de l'Univers.

Vous pouvez vous demander ce que la théorie quantique et la somme sur les histoires ont à voir avec la nature du temps. La réponse est qu'additionner les nombres complexes associés à chaque chemin ne donne pas un résultat bien défini si l'on utilise les histoires des particules dans le temps ordinaire : à mesure que l'on inclut de nouveaux chemins, la réponse connaît de larges fluctuations sans tendre vers une valeur bien définie. On peut néanmoins obtenir une réponse bien définie si l'on suppose que la coordonnée temporelle d'un événement n'est pas un simple nombre ordinaire, comme nous le pensons spontanément, mais un nombre complexe. Alors, il existe une deuxième dimension temporelle, appelée temps imaginaire, à angle droit de la dimension ordinaire. On peut considérer les histoires des particules qui se déroulent dans cette dimension temporelle imaginaire, au lieu de la dimension ordinaire. Et si l'on additionne les nombres complexes associés à chacune de ces histoires dans le temps imaginaire, on obtient une réponse bien définie. On peut donc déterminer les probabilités de différents comportements dans le temps imaginaire. Mais, comme je l'ai dit plus haut, si on sait comment une quantité dépend d'un nombre imaginaire, comme le temps imaginaire, on sait calculer comment elle dépendra d'un nombre ordinaire, comme le temps ordinaire.

Là encore, on pourrait considérer cette utilisation du temps imaginaire comme une simple astuce mathématique qui ne nous apprend rien sur la réalité. Mais d'un point de vue positiviste, cela ne sert à rien de demander ce qu'est la réalité. Au contraire, la valeur d'un concept, comme celui de temps imaginaire, ne dépend que de sa capacité à nous permettre de formuler des modèles mathématiques qui décrivent ce que nous observons et de prédire de nouveaux phénomènes qui pourront à leur tour être testés par l'observation. De nouveaux horizons s'ouvrent alors si l'on combine le concept de temps imaginaire, venu de la théorie quantique, avec l'idée relativiste que le temps et l'espace sont unis dans l'espace-temps. On aura un espace-temps où les événements seront étiquetés par trois nombres pour la position dans l'espace et un nombre pour la position dans le temps imaginaire, au lieu du temps ordinaire. Dans un tel espace-temps, la distinction entre directions spatiales et direction temporelle disparaît. L'espace-temps est dit « euclidien », parce qu'il est comme l'espace ordinaire, où aucune direction ne se distingue des autres.

Pour calculer le nombre complexe associé à chaque

espace-temps courbé, on doit spécifier comment cet espace-temps a commencé dans le passé. Si on traitait d'événements du temps ordinaire, le temps serait comme une ligne. Soit il se prolongerait à l'infini dans le passé, soit il aurait un début dans le passé fini, en une singularité qui formerait une frontière de l'espace-temps. De fait, la théorie de la relativité prédit que l'Univers a commencé à la singularité du *big bang*. Cela pose néanmoins les questions suivantes : que s'est-il passé avant le début ? Qu'est-ce qui détermine le commencement de l'Univers, sachant que l'on ne peut définir les lois de la physique en une singularité ?

Cependant, comme le temps imaginaire se comporte exactement comme l'espace, de nouvelles possibilités s'ouvrent avec l'utilisation du temps imaginaire. L'une d'elles est que l'espace et le temps imaginaire forment un espace-temps d'étendue finie, mais sans frontière, ni bord, ni singularité. Ce serait un peu comme la surface de la Terre, mais avec deux dimensions de plus. La surface de la Terre est finie, mais depuis Christophe Colomb, personne n'est jamais tombé du bord du monde. On peut se représenter la direction nord-sud de la Terre comme la dimension du temps imaginaire dans l'espace-temps, et la direction est-ouest comme l'une des trois dimensions spatiales. Alors le temps imaginaire commencerait au Pôle Nord, qui est le point le plus au nord de la Terre, et s'achèverait au Pôle Sud. S'interroger sur des événements antérieurs au début du temps imaginaire serait comme de s'interroger sur des endroits situés au nord du Pôle Nord : cela n'existe tout simplement pas.

En 1983, Jim Hartle et moi-même avons proposé

que la somme sur les histoires ne soit effectuée que sur les espaces-temps imaginaires d'étendue finie mais sans frontière, sans bord ni singularité. Si cette proposition « pas de bord » était correcte, le nombre complexe associé à chaque histoire serait déterminé par les seules lois de la physique. Alors, de même, l'état de l'Univers serait déterminé par les seules lois de la physique.

Si par contre les histoires dans le temps imaginaire avaient une frontière telle qu'une singularité, il faudrait connaître la probabilité de cette forme particulière de frontière pour calculer la probabilité de cette histoire. Mais les lois de la physique ne permettraient pas de déterminer la probabilité de la frontière, parce qu'elles ne sont pas définies en une singularité. Il faudrait alors faire appel à un agent extérieur à l'Univers, comme Dieu, pour déterminer les probabilités des différentes frontières possibles. Cela signifierait que l'état de l'Univers ne serait pas déterminé par les seules lois de la physique, mais qu'il dépendrait aussi du choix par Dieu du comportement au bord de l'espace-temps. Cependant, si la proposition « sans bord » est correcte, Dieu n'aurait aucun choix quant à l'état de l'Univers. La façon dont l'Univers a commencé, à la singularité du *big bang* dans le temps ordinaire, serait déterminée par son comportement, et son absence de frontière, dans le temps imaginaire.

Le temps imaginaire peut aussi fournir une issue aux objets qui tombent dans un trou noir. Dans le temps ordinaire, l'histoire de l'objet s'achèvera à la singularité du trou noir, où l'objet sera totalement écrasé. Cependant, on peut aussi considérer l'histoire de l'objet dans le temps imaginaire. Cette histoire ne peut pas prendre fin si la proposition « sans bord » est correcte, parce qu'il n'y aura ni frontière ni singularité dans le temps imaginaire. Au contraire, il semble qu'il passera par un mince tube, comme un trou de ver, dans le temps imaginaire, puis ressortira dans un autre univers ou dans une autre partie de notre univers. Cela ressemble beaucoup au scénario évoqué précédemment dans le temps ordinaire, où l'on plongeait dans un trou noir pour émerger d'un trou blanc. Il y a néanmoins d'importantes différences. D'abord, les trous de ver dans le temps ordinaire posent problème parce qu'ils permettraient de retourner dans le passé et de le modifier. Mais il semble que même si des trous de ver du temps imaginaire permettent à des particules de voyager vers le passé, elles le font de manière à ne pas affecter ce qui s'est déjà produit. Cela parce que, en théorie quantique, une particule reculant dans le temps équivaut à une antiparticule avançant dans le temps. Je crains que cela ait pour conséquence que les trous de ver du temps imaginaire ne soient d'aucun secours pour les voyages dans le temps, ni pour les voyages intergalactiques d'ailleurs. Sinon nous risquerions d'avoir des visiteurs du futur ou de lointaines galaxies. Je ne suis pas certain qu'ils seraient bien disposés à notre égard.

La seconde différence entre trous de ver du temps réel et du temps imaginaire est que les trous de ver du temps ordinaire contiennent des singularités et sont instables, car ils n'apparaissent que dans des cas très particuliers d'effondrement gravitationnel. Mais les trous de ver du temps imaginaire n'ont pas de singularités et peuvent se présenter dans toutes les situations. À vrai dire, il semble qu'il devrait y avoir un très grand nombre de minuscules trous de ver du temps imaginaire, même dans un espace apparemment vide. Les particules élémentaires peuvent les emprunter individuellement pour passer dans d'autres univers ou en revenir. L'effet de ce va-et-vient sera que les particules entrantes et sortantes d'un trou de ver sembleront interagir les unes avec les autres. Ainsi, les trous de ver changeront les interactions apparentes des particules d'une manière qui reste encore à calculer précisément. Mais il semble bien qu'une interaction importante est affectée d'une manière très significative. Il s'agit de ce que l'on appelle la « constante cosmologique », qui confère à l'espace-temps une tendance innée à l'expansion ou à la contraction. En observant le mouvement de galaxies lointaines, nous pouvons établir que cette constante est soit nulle soit très faible. C'est très surprenant parce que la théorie quantique nous amènerait à attendre une valeur de la constante cosmologique nettement plus élevées, que celle que nous observons. Et lorsque je dis nettement plus élevées, je veux dire au moins un milliard de milliards de milliards de milliards de milliards de fois plus élevée. Ces dernières années encore, on n'avait aucune explication pour cette valeur extraordinairement faible de la constante cosmologique. Mais si l'on inclut dans la somme sur les histoires celles qui contiennent des trous de ver dans le temps imaginaire, on trouve une valeur apparente de la constante cosmologique exactement égale à zéro.

Ainsi, les modèles mathématiques de l'Univers qui utilisent le concept de temps imaginaire peuvent expliquer pourquoi l'Univers a commencé comme il a commencé et pourquoi la constante cosmologique est nulle. Si vous voulez, vous pouvez dire que cette utilisation du temps imaginaire n'est qu'un truc mathématique qui ne nous apprend rien sur la réalité ou la nature du temps. Mais si vous adoptez une attitude positiviste, comme c'est mon cas, les questions sur la réalité ne signifient rien. Tout ce qu'on peut se demander, c'est si le temps imaginaire est utile pour formuler des modèles mathématiques qui décrivent ce que nous observons. Tel est certainement le cas. À vrai dire, on pourrait même adopter une position extrême et dire que le temps imaginaire est réellement le concept fondamental selon lequel le modèle mathématique devait être formulé. Le temps ordinaire ne serait qu'un concept dérivé, que nous inventons dans le cadre d'un modèle mathématique décrivant nos impressions subjectives de l'Univers. Notre état subjectif évolue dans le temps ordinaire à mesure que nous acquérons le souvenir de nouveaux événements. Cependant, le processus de mémorisation nécessite la dépense d'une énergie ordonnée, qui est convertie en énergie désordonnée sous la forme de chaleur. Ainsi, la direction du temps ordinaire, dans laquelle nous nous souvenons des choses, est la direction du temps dans laquelle le désordre de l'Univers augmente. Il s'avère que la condition qu'il n'y ait pas de bord dans le temps imaginaire implique que, dans le temps ordinaire, l'Univers ait commencé dans un état d'ordre élevé et évolue vers un état de plus grand désordre. C'est la raison pour laquelle nous nous sentons progresser dans le temps ordinaire. Nous ne sentirions pas notre mouvement dans le temps imaginaire, parce que notre mémoire ne s'y accroîtrait pas. Les événements du temps imaginaire nous apparaîtraient comme une image figée, comme une carte de la surface de la Terre.

Je pourrais continuer une heure encore à vous expliquer pourquoi nous avons l'impression d'avancer dans le temps ordinaire. Mais j'ai consommé tout mon temps ordinaire pour cette conférence, et probablement mon temps imaginaire aussi. Je vais donc m'arrêter avant de heurter la singularité du couperet du président de séance.

Chapitre 11

L'hypothèse d'un univers qui n'a « pas de bord » et la flèche du temps [1]

Lorsque j'ai commencé mes recherches, il y a près de trente ans, mon superviseur, Dennis Sciama, m'a fait travailler sur la flèche du temps en cosmologie. Je me souviens être allé à la bibliothèque de Cambridge pour y prendre un livre du philosophe allemand Reichenbach, intitulé *La Direction du temps*. Malheureusement, ce livre avait été emprunté par J. B. Priestley, qui était en train d'écrire une pièce sur le temps, *Le Temps et les Conway*. Pensant que ce livre répondrait à toutes mes questions, j'ai rempli un formulaire pour forcer Priestley à le rapporter à la bibliothèque afin que je puisse le consulter. Cependant, lorsque j'ai enfin pu mettre la main dessus, j'ai été très déçu. Il était très obscur et d'une logique qui semblait se mordre la queue. Il insistait beaucoup sur la causation en distinguant les deux directions du temps, vers l'avant et vers l'arrière. Mais en physique, nous pensons qu'il existe des

----

1. Cet article date de 1993 (NdT).

lois qui déterminent l'évolution de l'Univers. Donc, si l'état A évolue pour devenir l'état B, on peut dire que A a causé B. Mais on pourrait tout aussi bien regarder les choses en sens inverse et dire que B a causé A. Donc, la causalité ne définit pas une direction du temps.

Mon tuteur m'a suggéré de regarder un article écrit par un Canadien du nom de Hogarth. Celui-ci appliquait à la cosmologie une formulation de l'électrodynamique directe en termes d'action. Il affirmait établir un lien entre l'expansion de l'Univers et la flèche du temps électromagnétique, c'est-à-dire le fait d'obtenir des solutions retardées ou avancées des équations de Maxwell. L'article disait qu'on obtiendrait des solutions retardées dans un univers stationnaire, mais des solutions avancées dans un univers de *big bang*. Hoyle et Narlikar se sont emparés de ce résultat comme d'une preuve supplémentaire, si besoin était, que la théorie de l'état stationnaire était juste. Cependant, maintenant que plus personne, excepté Hoyle, ne croit que l'Univers est dans un état stationnaire, il faut en conclure que les prémisses fondamentales de l'article étaient fausses.

Peu après, une réunion sur la direction du temps s'est tenue à Cornell, en 1964. Parmi les participants se trouvait un Monsieur X qui trouvait le débat si vain qu'il ne voulait pas y voir associé son nom. C'était un secret de polichinelle que Monsieur X était Richard Feynman. Monsieur X disait que la flèche du temps électromagnétique ne découlait pas d'une formulation en termes d'action à distance de l'électrodynamique, mais de la simple mécanique statistique. Guidé par ses remarques, j'en suis venu à comprendre ainsi la flèche du temps : le point important est que les trajectoires d'un système devraient avoir pour condition aux limites de n'occuper qu'une petite région de l'espace de phase à un certain moment. En général, les équations d'évolution de la physique impliqueront alors qu'à d'autres moments les trajectoires s'étaleront sur une région bien plus importante de l'espace de phase. Supposons que la condition aux limites de n'occuper qu'une petite région soit une condition initiale. Alors, cela signifiera que le système commencera dans un état ordonné et évoluera ensuite vers un état de plus grand désordre. L'entropie croîtra avec le temps et la seconde loi de la thermodynamique sera vérifiée.

En revanche, imaginons que la condition aux limites de n'occuper qu'une petite région de l'espace de phase soit une condition finale au lieu d'une condition initiale. Les trajectoires auraient alors d'abord été étalées sur une vaste région, puis elles se seraient regroupées dans une région plus étroite avec le passage du temps. Ainsi, le désordre et l'entropie auraient décru avec le temps, au lieu d'augmenter. Cependant, tout être intelligent observant ce comportement vivrait aussi dans un univers où l'entropie décroîtrait avec le temps. Nous ne connaissons pas exactement le fonctionnement en détail du cerveau humain, mais nous pouvons décrire le fonctionnement d'un ordinateur. On peut considérer toutes les trajectoires possibles d'un ordinateur interagissant avec son environnement. Si on impose une condition aux limites finale à ces trajectoires, on peut montrer que la corrélation entre la mémoire de l'ordinateur et l'environnement est plus importante au départ qu'à la fin. En d'autres termes, l'ordinateur se souvient du futur, mais pas du passé. Une autre manière de voir cela est de remarquer que lorsque l'ordinateur enregistre quelque chose dans sa mémoire, l'entropie totale augmente. Ainsi, l'ordinateur se souvient des choses dans la direction du temps où l'entropie augmente. Dans un univers où l'entropie décroîtrait avec le temps, les mémoires d'ordinateur fonctionneraient à l'envers. Elles se souviendraient du futur et oublieraient le passé. Bien que nous ne comprenions pas véritablement le fonctionnement du cerveau, il semble raisonnable de supposer que notre mémoire fonctionne dans la même direction temporelle que celle des ordinateurs. Dans le cas contraire, on pourrait gagner une fortune avec un ordinateur qui se souvienne des résultats du tiercé de demain. Cela signifie que la flèche du temps psychologique, notre sentiment subjectif du temps, est identique à la flèche du temps thermodynamique, la direction dans laquelle l'entropie augmente. Ainsi, dans un univers où l'entropie décroîtrait avec le temps, tout être intelligent aurait aussi un sentiment subjectif du temps qui marcherait à l'envers. Donc, la deuxième loi de la thermodynamique est en vérité une tautologie. L'entropie croît avec le temps parce que nous définissons la direction du temps comme étant celle dans laquelle l'entropie augmente.

Il y a cependant deux questions non triviales concernant la flèche du temps. La première est : pourquoi devrait-il y avoir une condition aux limites à une extrémité du temps, mais pas à l'autre ? Il pourrait sembler plus naturel d'avoir une condition aux limites à chacune des extrémités du temps, ou à aucune des deux. Comme je vais le montrer, la première possibilité signifierait l'inversion de la flèche du temps, tandis que dans la seconde, il n'y aurait pas de flèche du temps bien définie. La seconde question est, sachant qu'il y a une condition aux limites à l'une des extrémités du temps et donc une flèche du temps bien définie, pourquoi cette flèche pointe-t-elle dans la direction du temps où l'Univers est en expansion ? Y a-t-il un lien profond entre ces deux faits, ou est-ce purement fortuit ? Je me suis rendu compte que le problème de la flèche du temps devait être formulé de la manière dont je viens de le faire. Mais à l'époque, en 1964, je ne voyais pas pourquoi il devrait y avoir une condition aux limites à une extrémité du temps. De plus, j'avais besoin d'un sujet plus solide et moins farfelu que la flèche du temps pour ma thèse. Je me suis donc tourné vers les singularités et les trous noirs. C'était un sujet beaucoup plus facile. Mais je gardais un intérêt pour le problème de la direction du temps. Il a refait surface en 1983, lorsque Jim Hartle et moi-même avons formulé l'hypothèse d'Univers « sans bord ». C'était la suggestion que l'état quantique de l'Univers était déterminé par une intégrale de chemin sur les métriques définies positives dans les variétés fermées d'espace-temps. En d'autres termes, la condition aux limites de l'Univers était qu'il n'avait pas de bord.

L'hypothèse selon laquelle l'univers n'a « pas de bord » déterminait l'état quantique de l'Univers et donc ce qui s'y produisait. Elle devait par conséquent déterminer s'il y avait une flèche du temps et dans quel sens elle pointait. Dans l'article que Hartle et moi-même avons écrit, nous avons appliqué l'hypothèse d'un univers qui n'a « pas de bord » à des modèles comportant une constante cosmologique et un champ scalaire invariant conforme. Aucun ne donnait un univers semblable à celui que nous habitons. Cependant, un modèle de mini superespace avec un champ scalaire à couplage minimal donnait une période inflationniste arbitrairement longue. Celle-ci serait suivie de phases dominées par le rayonnement et la matière, comme dans le modèle inflationniste chaotique. Il semblait donc que l'hypothèse selon laquelle l'univers n'a « pas de bord » rendait compte de l'expansion observée de l'Univers. Mais expliquerait-elle la flèche du temps telle qu'on l'observe ? En d'autres termes, les écarts par rapport à une expansion homogène et isotrope seraient-ils faibles quand l'Univers est petit pour croître avec son expansion ? Ou bien la condition « sans bord » prédirait-elle le comportement opposé ? Les écarts seraient-ils faibles si l'Univers était grand et fort si l'Univers était petit ? Dans ce dernier cas, le désordre diminuerait avec l'expansion de l'Univers. Cela signifierait que la flèche thermodynamique pointerait en sens inverse de la flèche cosmologique. En d'autres termes, des gens vivant dans un tel univers diraient que l'Univers est en contraction et non en expansion. Pour savoir ce que l'hypothèse d'un univers qui n'a « pas de bord » prédirait pour la flèche du temps, il était nécessaire de comprendre comment se comporteraient les perturbations d'un modèle de Friedmann. Jonathan Halliwell et moi-même avons étudié ce problème. Nous avons développé en harmoniques sphériques les perturbations d'un modèle de mini-superespace et développé le hamiltonien au second ordre. Cela nous a donné une équation de Wheeler-Dewitt pour la fonction d'onde de l'Univers. Nous l'avons résolue comme une fonction d'onde de base du mini-superespace multipliée par les fonctions d'onde des modes de perturbation. Celles-ci obéissaient à des équations de Schrödinger que nous avons pu résoudre approximativement. Pour déterminer les conditions aux limites de ces équations de Schrödinger, nous avons utilisé une approximation semi-classique de la condition « sans bord ». Considérons une géométrie tridimensionnelle et un champ scalaire qui soient une légère perturbation d'une hypersphère et d'un champ constant. La fonction d'onde de ce point du superespace sera donnée par une intégrale de chemin sur toutes les géométries quadridimensionnelles euclidiennes et tous les champs scalaires qui possèdent cette seule frontière. On s'attendrait à ce que la principale contribution à cette intégrale de chemin provienne d'un point selle. C'est-à-dire d'une solution complexe des équations de champ possédant la géométrie et le champ donnés sur une frontière et n'ayant pas d'autre frontière. La fonction d'onde du mode de perturbation sera alors *e* puissance moins l'action de la solution complexe de la perturbation.

De cette manière, Halliwell et moi-même avons calculé le spectre des perturbations prédit par l'hypothèse d'un univers qui n'a « pas de bord ». La forme exacte de ce spectre importe peu pour la flèche du temps. Ce qui compte, c'est que, lorsque le rayon de l'Univers est petit et que le point selle est une solution complexe correspondant à une expansion monotone, les amplitudes des perturbations sont faibles. Cela signifie que les trajectoires correspondant à différentes histoires probables de l'Univers sont comprises dans une petite région de l'espace de phase lorsque l'Univers est petit. À mesure que l'Univers grandit, les amplitudes de certaines de ces perturbations croissent. Comme l'évolution de l'Univers est régie par un hamiltonien, le volume de l'espace de phase reste inchangé. Ainsi, tant que les perturbations sont linéaires, la région de l'espace de phase qu'occupent les trajectoires ne sera modifiée que par une matrice de déterminant un. En d'autres termes, une région initialement sphérique évoluera en une région elliptique de même volume. Plus tard, cependant, certaines des perturbations peuvent s'amplifier au point de devenir non linéaires. Le volume de l'espace de phase reste toujours inchangé dans cette évolution, mais en général la région initialement sphérique se déformera en filaments longs et minces. Ceux-ci peuvent s'étendre et occuper une grande partie de l'espace de phase. On obtient ainsi une flèche du temps. L'Univers est quasiment homogène et isotrope quand il est petit. Mais il devient plus irrégulier en grandissant. En d'autres termes, le désordre augmente avec l'expansion de l'Univers. Ainsi, les flèches du temps cosmologique et thermodynamique concordent, et les habitants de l'Univers voient celui-ci en expansion et non en contraction. J'ai écrit un article en 1985 où j'ai fait remarquer que ces résultats sur les perturbations expliqueraient à la fois pourquoi il y avait une flèche thermodynamique et pourquoi elle devait nécessairement coïncider avec la flèche cosmologique. Mais j'ai commis alors ce qui m'apparaît aujourd'hui comme une grave erreur. Je pensais que l'hypothèse d'un univers qui n'a « pas de bord » impliquait que les perturbations soient faibles non seulement lors des premières étapes de l'expansion, mais aussi lors des dernières étapes d'une recontraction. Alors les trajectoires du système formeraient ce sous-ensemble qui occupe une petite région de l'espace de phase à la fois au commencement et à la fin de l'Univers. Entre-temps, elles s'étaleraient sur une région beaucoup plus vaste. Dans ce cas, le désordre augmenterait durant l'expansion, mais diminuerait durant la contraction. La flèche thermodynamique pointerait donc vers l'avant durant la phase d'expansion et vers l'arrière durant la phase de contraction.

En d'autres termes, les flèches thermodynamique et cosmologique coïncideraient à la fois durant les phases d'expansion et de contraction. Vers le moment de l'expansion maximale, l'entropie de l'Univers serait à son maximum. Cela signifierait qu'un être intelligent passant de la phase d'expansion à la phase de contraction ne verrait pas la flèche du temps pointer vers l'arrière. Sa perception subjective du temps s'inverserait durant la phase de contraction. Ainsi, il ne se souviendrait pas qu'il venait d'une phase d'expansion parce que cette phase appartiendrait à son futur subjectif.

Si la flèche du temps thermodynamique devait basculer lors d'une phase de contraction de l'Univers, on pourrait aussi s'attendre à ce qu'elle bascule lors d'un effondrement gravitationnel pour former un trou noir. Cela fournirait la possibilité d'un test expérimental de la condition « sans bord ». Si le basculement n'avait lieu qu'au-delà de l'horizon d'événement, cela n'aurait guère d'utilité, parce qu'un éventuel observateur ne pourrait pas nous en faire part. Mais on pourrait espérer qu'il se produise de légers effets détectables à l'extérieur de l'horizon d'événement. L'idée que la flèche du temps basculerait lors de la phase de contraction était assez séduisante. Mais peu après que mon article a été accepté par la *Physical Review*, des discussions avec Raymond Laflamme et Don Page m'ont convaincu que la prédiction du basculement était fausse. J'ai ajouté une note aux épreuves, disant que l'entropie continuerait de croître durant la contraction, mais j'ai attrapé une pneumonie avant de pouvoir rédiger un article pour développer mes explications. Je veux donc saisir cette occasion pour montrer en quoi je m'étais trompé et donner le bon résultat.

Une des raisons de mon erreur est que je me suis laissé abuser par des solutions calculées sur ordinateur de l'équation de Wheeler-Dewitt pour un modèle de mini superespace de l'Univers. Dans ces solutions, la fonction d'onde n'oscillait pas dans une « région interdite », à très faible rayon. Je me rends compte aujourd'hui que ces solutions n'avaient pas les bonnes conditions aux limites. Mais à l'époque, je les avais interprétées comme indiquant que les géométries quadridimensionnelles lorentziennes correspondant à l'approximation WKB ne s'effondraient pas jusqu'à un rayon nul. Elles rebondissaient vers une nouvelle phase d'expansion. Mes sentiments ont été renforcés par la découverte d'une classe de solutions classiques qui oscillaient. Les calculs sur ordinateur de la fonction d'onde semblaient correspondre à une superposition de ces solutions. Les solutions oscillantes étaient quasi périodiques. Il semblait donc naturel d'imaginer que la condition aux limites sur les perturbations devrait être qu'elles soient très petites dès lors que le rayon était faible. Cela aurait conduit à une flèche du temps qui pointe vers l'avant durant la phase d'expansion et vers l'arrière durant la phase de contraction, comme je l'ai expliqué. J'ai fait travailler un de mes étudiants, Raymond Laflamme, sur la flèche du temps dans des situations plus générales qu'un univers de Friedmann homogène et isotrope. Il a rapidement trouvé une objection majeure à mon idée : seules quelques solutions, comme les modèles de Friedmann à symétrie sphérique, peuvent rebondir quand elles s'effondrent. Ainsi, la fonction d'onde pour un objet comme un trou noir ne pouvait pas être concentrée sur des solutions non singulières. Cela m'a fait saisir qu'il pouvait y avoir une différence entre le début de l'expansion et la fin de la contraction. Les contributions dominantes à la fonction d'onde pour l'une et l'autre viendraient de points selles correspondant à des solutions complexes des équations de champ. Ces solutions ont été étudiées en détail par mon étudiant Glenn Lyons. Lorsque le rayon de l'Univers est petit, il y a deux types de solutions. L'un serait une solution complexe presque euclidienne, qui commencerait comme le pôle Nord d'une sphère et se dilaterait de façon monotone jusqu'au rayon donné. Ceci correspondrait au début de l'expansion. Mais la fin de la contraction correspondrait à une solution qui commencerait de manière semblable, puis connaîtrait une longue période presque lorentzienne d'expansion, suivie par une contraction jusqu'au rayon donné. La fonction d'onde pour des perturbations autour du premier type de solution serait fortement amortie, à moins que les perturbations ne soient petites et de régime linéaire. Mais la fonction d'onde pour les perturbations autour d'une solution du deuxième type pourrait être importante pour de fortes amplitudes de perturbation. Dans ce cas, les perturbations seraient faibles à un bout du temps, mais elles pourraient être importantes et non linéaires à l'autre bout. Ainsi, le désordre et l'irrégularité augmenteraient durant l'expansion et continueraient d'augmenter durant la contraction. Il n'y aurait pas de renversement de la flèche du temps au point d'expansion maximale.

Glenn Lyons et moi-même avons étudié comment la flèche du temps se manifeste dans les divers modes de perturbation. Parler de flèche du temps n'a de sens que pour les modes qui sont plus courts que l'échelle d'horizon à l'instant considéré. Les modes qui sont plus longs que l'horizon apparaissent simplement comme un fond homogène. Il y a deux sortes de comportements pour les modes intérieurs à l'horizon. Ils peuvent osciller ou bien avoir une croissance et une décroissance polynomiales. Les modes qui oscillent sont les modes tensoriels, qui correspondent aux ondes gravitationnelles, et les modes scalaires, qui correspondent aux perturbations de densité de longueur d'onde inférieure à la longueur d'onde de Jeans. Les perturbations de densité d'une longueur d'onde supérieure à la longueur d'onde de Jeans suivent une loi polynomiale. Les modes de perturbations qui oscillent auront une amplitude qui varie de manière adiabatique comme une puissance inverse du rayon de l'Univers. Cela signifie qu'elles seront essentiellement symétriques par rapport au temps vers l'instant de l'expansion maximale. En d'autres termes, l'amplitude de la perturbation sera la même pour un rayon donné lors de l'expansion que pour ce même rayon lors de la contraction. Donc, si ces perturbations sont petites lorsqu'elles entrent dans l'horizon lors de l'expansion, ce que prédit l'hypothèse d'un univers qui n'a « pas de bord », elles resteront toujours petites. Elles ne deviendront pas non-linéaires et ne montreront pas de flèche du temps. Au contraire, les perturbations de densités sur des échelles supérieures à la longueur d'onde de Jeans croîtront généralement en amplitude. Elles seront faibles lorsqu'elles entreront dans l'horizon lors de l'expansion, mais elles continueront de croître durant l'expansion, puis durant la contraction. Finalement, elles deviendront non-linéaires. À ce stade, les trajectoires s'étaleront sur une vaste partie de l'espace de phase.

L'hypothèse selon laquelle l'univers n'a « pas de bord » prédit que l'Univers est dans un état régulier et ordonné à une extrémité du temps. Mais les irrégularités croissent tandis que l'Univers enfle puis se contracte. Ces irrégularités conduisent à la formation d'étoiles et de galaxies, et donc au développement de la vie intelligente. Cette vie aura un sentiment subjectif du temps, ou flèche psychologique, qui pointe dans le sens du désordre croissant. La question qui subsiste est : pourquoi cette flèche psychologique devrait-elle coïncider avec la flèche cosmologique ? En d'autres termes, pourquoi disons-nous que l'Univers est en expansion plutôt qu'en contraction ? La réponse à cette question vient de l'inflation, combinée au principe anthropique faible. Si l'Univers avait commencé à se contracter il y a quelques milliards d'années, nous observerions effectivement un univers en contraction. Mais l'inflation implique que l'Univers devrait être si proche de la densité critique qu'il ne cessera pas son expansion avant fort longtemps. À ce moment-là, toutes les étoiles se seront éteintes. L'Univers sera un endroit froid et sombre, et toute vie aura disparu depuis longtemps. Ainsi, le fait que nous soyons là pour observer l'Univers signifie que nous devons être dans la phase d'expansion et non dans celle de contraction. Voilà pourquoi la flèche psychologique coïncide avec la flèche cosmologique.

Jusqu'à présent, j'ai parlé de la flèche du temps à l'échelle macroscopique, celle de la dynamique des fluides. Mais le modèle inflationniste dépend de l'existence d'une flèche du temps à une échelle beaucoup plus petite, microscopique. Durant la phase d'inflation, pratiquement tout le contenu énergétique de l'Univers se trouve sous l'unique mode homogène d'un champ scalaire. L'amplitude de ce mode ne change que lentement avec le temps et son tenseur de moment éner-

gétique cause l'expansion exponentielle de l'Univers.
À la fin de la période d'inflation, l'amplitude du mode
homogène commence à osciller. L'idée est que ces
oscillations homogènes et cohérentes du champ scalaire amènent la création de particules de faible longueur d'onde, d'autres champs, avec un spectre
approximativement thermique. L'Univers enfle ensuite,
comme dans le modèle du *big bang* chaud. Ce scénario
de l'inflation suppose implicitement l'existence d'une
flèche du temps thermodynamique qui pointe dans
la direction de l'expansion. Cela ne marcherait pas
si la flèche du temps était tournée dans l'autre sens.
Normalement, les gens oublient purement et simplement la question de la flèche du temps. Mais dans
ce cas, on peut montrer que cette flèche microscopique
semble elle aussi découler du fait que l'univers n'ait
« pas de bord ». On peut introduire des champs de
matière supplémentaires, couplés au champ scalaire.
Si on les développe en harmoniques sphériques, on
obtient un jeu d'équations de Schrödinger, avec des
coefficients oscillants. L'hypothèse selon laquelle l'univers n'a « pas de bord » suppose que les champs de
matière commencent dans leur état de base. On trouve
ensuite que les champs de matières deviennent excités
lorsque le champ scalaire commence à osciller. Sans
doute la réaction en retour amortira les oscillations
du champ scalaire et l'Univers passera dans une phase
dominée par le rayonnement. Ainsi, l'hypothèse d'un
univers qui n'a « pas de bord » semble-t-elle expliquer
la flèche du temps à l'échelle microscopique comme
à l'échelle macroscopique.

Je vous ai raconté comment j'avais abouti à de fausses
conclusions et ce qui me semble aujourd'hui être le
résultat correct quant aux prédictions de l'hypothèse

d'un univers qui n'a « pas de bord » pour la flèche du temps. Cela a été ma plus grande erreur, ou du moins ma plus grande erreur dans le domaine scientifique. Je me suis dit un jour qu'il devrait y avoir un journal des rétractations, où les scientifiques pourraient reconnaître leurs erreurs. Mais il risquerait de ne pas recevoir beaucoup de contributions.

Chapitre 12

Trous noirs
et bébés univers [1]

Les chutes dans les trous noirs abondent dans les récits de science-fiction. Cependant, on peut dire aujourd'hui que les trous noirs appartiennent réellement au domaine scientifique plutôt qu'à la science-fiction. Comme je vais l'exposer, il est légitime de prédire l'existence de trous noirs ; et les observations suggèrent fortement la présence d'un certain nombre de trous noirs dans notre galaxie, et de beaucoup d'autres dans d'autres galaxies.

Là où les auteurs de science-fiction s'en donnent à cœur joie, c'est quant à ce qui se passe quand on tombe dans un trou noir. On pense souvent que, si le trou noir est en rotation, on peut traverser un petit trou de l'espace-temps et se retrouver dans une autre région de l'Univers. Cela ouvre manifestement de grandes perspectives en matière de voyage spatial. À vrai dire, il nous faudra trouver quelque chose de ce genre si

---

1. Conférence donnée à l'université de Californie, Berkeley, en avril 1988.

nous voulons avoir une chance de voyager vers d'autres étoiles, sans parler d'autres galaxies. Sinon, le fait que rien ne puisse voyager plus vite que la lumière signifie que l'aller-retour vers l'étoile la plus proche prendrait un minimum de huit ans. Tant pis pour les week-ends sur Alpha du Centaure ! Par contre, si on pouvait passer par un trou noir, on pourrait réémerger n'importe où dans l'Univers. La manière dont on choisirait sa destination reste fort peu claire : vous pourriez vous décider pour un séjour dans la Vierge et atterrir dans la nébuleuse du Crabe.

Je suis désolé de décevoir les candidats au tourisme intergalactique, mais ce scénario ne marche pas : si vous sautez dans un trou noir, vous vous faites totalement écrabouiller. Néanmoins, en un certain sens, les particules qui composent votre corps passent dans un autre univers. Je ne sais pas si c'est une grande consolation pour quelqu'un qui a été transformé en spaghetti par un trou noir que de savoir que ses particules ont pu survivre à l'opération.

Malgré le ton légèrement désinvolte que je viens d'adopter, cet essai est fondé sur des faits rigoureusement scientifiques. Les autres spécialistes de ce domaine s'accordent sur l'essentiel de ce que je vais dire. Cependant, la dernière partie de cet essai est fondée sur des travaux très récents, sur lesquels il n'existe pas encore, à ce jour, de consensus général. Mais ces travaux suscitent beaucoup d'intérêt et d'enthousiasme.

Bien que l'idée de ce que nous appelons aujourd'hui « trou noir » remonte à plus de deux cents ans, le terme « trou noir » n'a été introduit qu'en 1967 par le physicien américain John Wheeler. Ce fut un éclair de génie : ce nom a garanti l'entrée des trous noirs dans la mythologie de la science-fiction. Il a aussi stimulé la recherche scientifique en conférant un nom précis à un objet qui n'avait jusqu'alors pas reçu de titre satisfaisant. Il faut se garder de sous-estimer l'importance d'une bonne appellation dans les sciences.

Pour autant que je sache, la première personne à discuter des trous noirs fut le Cambridgien John Mitchell, qui leur consacra un article en 1783. Son idée était la suivante : imaginez que vous tiriez un boulet de canon verticalement depuis la surface de la Terre. À mesure qu'il s'élèvera, il sera freiné par l'effet de la gravité ; finalement, il cessera de s'élever et retombera à la surface de la Terre. Cependant, à partir d'une certaine vitesse critique, le boulet ne retombera plus, mais il s'échappera dans l'infini. Cette vitesse critique s'appelle la « vitesse d'échappement ». Elle est légèrement supérieure à dix kilomètres par seconde pour la Terre et à cent cinquante kilomètres par seconde pour le Soleil. Ces deux vitesses sont supérieures à celle que peut atteindre un boulet de canon, mais elles sont très inférieures à la vitesse de la lumière, qui est de trois cent mille kilomètres par seconde. Cela signifie que la gravité n'a guère d'effet sur la lumière, et que celle-ci s'échappe sans difficulté de la Terre ou du Soleil. Cependant, Mitchell imagina qu'une étoile pourrait être à la fois assez massive et assez petite pour que sa vitesse d'échappement soit supérieure à celle de la lumière. Nous ne pourrions pas voir une telle étoile, parce que la lumière de sa surface ne nous parviendrait pas : elle serait retenue par le champ gravitationnel. Cependant, nous pourrions détecter sa présence par l'effet que son champ gravitationnel produirait sur la matière avoisinante.

On ne peut pas vraiment traiter la lumière comme un boulet de canon. Selon une expérience effectuée en

1897, la lumière voyage toujours à la même vitesse constante. Alors, comment la gravité pourrait-elle la ralentir ? Une théorie cohérente de la manière dont la gravité affecte la lumière n'est apparue qu'en 1915, lorsque Einstein a formulé la théorie de la relativité générale ; et les implications de cette théorie pour les étoiles âgées et autres corps massifs n'ont généralement pas été comprises avant les années soixante.

Selon la relativité générale, l'espace et le temps peuvent être considérés comme formant un espace quadridimensionnel appelé « espace-temps ». Cet espace n'est pas plat, mais il est distordu, ou incurvé, par la matière et l'énergie qui s'y trouvent. Nous observons cette courbure dans la déviation de la lumière ou des ondes radio qui nous parviennent après avoir frôlé le Soleil. Dans le cas d'un rayon lumineux frôlant le Soleil, la déviation est très faible. Cependant, si le Soleil devait rétrécir jusqu'à ne plus mesurer que quelques kilomètres de diamètre, la déviation serait si importante qu'aucune lumière ne quitterait plus le Soleil à cause de l'intensité du champ gravitationnel. Selon la théorie de la relativité, rien ne peut voyager plus vite que la lumière. Il y aurait donc une région dont rien ne pourrait s'échapper. Une telle région s'appelle un « trou noir ». Sa frontière s'appelle l'« horizon d'événement ». Elle est formée par la lumière qui, incapable d'échapper au trou noir, reste suspendue au bord.

Il pourrait sembler ridicule de suggérer que le Soleil puisse rétrécir jusqu'à ne plus mesurer que quelques kilomètres de diamètre. On pourrait croire qu'il est impossible de comprimer de la matière à ce point. Mais il s'avère que c'est tout à fait possible.

Le Soleil a la taille qu'il a parce qu'il est chaud. Il

brûle de l'hydrogène qu'il transforme en hélium, comme une bombe H contrôlée. La chaleur dégagée par ce processus engendre une pression qui permet au Soleil de résister à la force de sa propre gravité, laquelle tendrait à le faire rétrécir.

Un jour, néanmoins, le Soleil viendra à bout de son carburant nucléaire. Mais cela n'arrivera pas avant cinq milliards d'années. Ne vous précipitez donc pas pour réserver un vol vers une autre étoile. Cependant, les étoiles plus massives que le Soleil épuiseront beaucoup plus rapidement leur carburant. À ce moment-là, elles commenceront à perdre de la chaleur et à se contracter. Si leur masse est environ deux fois moindre que celle du Soleil, elles finiront par cesser de se contracter pour s'installer dans un état stable. Cet état peut être celui des « naines blanches » : elles ont un rayon de quelques milliers de kilomètres et une densité de l'ordre d'une tonne par centimètre cube. Ce peut être aussi une étoile à neutrons : elles ont un rayon d'une quinzaine de kilomètres et une densité de l'ordre de mille millions de tonnes par centimètre cube.

Nous connaissons un grand nombre de naines blanches dans notre voisinage immédiat à l'intérieur de la Galaxie. Mais les premières étoiles à neutrons n'ont été observées qu'en 1967, lorsque Jocelyn Bell et Antony Hewish, de Cambridge, ont découvert des objets appelés « pulsars » qui émettaient régulièrement des impulsions d'ondes radio. Ils se sont d'abord demandé s'ils n'avaient pas établi un contact avec une civilisation extraterrestre ; pour tout dire, je me souviens que la salle de séminaire où ils ont annoncé leur découverte était décorée de silhouettes de petits hommes verts. Cependant, ils ont fini par arriver à la conclusion moins romantique qu'il s'agissait d'étoiles à neutrons en rotation rapide. C'était une mauvaise nouvelle pour les auteurs de westerns spatiaux, mais une bonne nouvelle pour le petit nombre d'entre nous qui croyaient aux trous noirs à cette époque. Si les étoiles pouvaient se contracter jusqu'à un diamètre aussi faible qu'une trentaine de kilomètres pour devenir des étoiles à neutrons, on pouvait s'attendre à ce que d'autres étoiles se contractent encore plus pour devenir des trous noirs.

Une étoile dont la masse est plus de deux fois celle du Soleil ne peut pas trouver son équilibre sous forme de naine blanche ou d'étoile à neutrons. Dans certains cas, l'étoile peut exploser et expulser assez de matière pour ramener sa masse en dessous de la limite. Mais cela ne se produira pas toujours. Certaines étoiles se contracteront tellement que leurs champs gravitationnels courberont la lumière à tel point qu'elle reviendra vers l'étoile. Aucune lumière, ni rien d'autre, ne pourra plus s'échapper. Ces étoiles seront devenues des trous noirs.

Les lois de la physique sont symétriques par rapport au temps. Donc, s'il existe des objets, les trous noirs, dans lesquels les choses peuvent tomber mais dont elles ne peuvent s'échapper, il doit exister d'autres objets dont les choses peuvent sortir mais où elles ne peuvent entrer. On pourrait appeler ces objets « trous blancs ». On peut se demander si, en sautant quelque part dans un trou noir, on ressortirait ailleurs d'un trou blanc. Ce serait le moyen idéal pour voyager à grande distance. Il suffirait de trouver un trou noir à proximité.

Au départ, cette forme de voyage spatial paraissait possible. Il existe des solutions de la théorie de la relativité générale d'Einstein selon lesquelles il est possible de tomber dans un trou noir pour ressortir d'un trou blanc. Cependant, des travaux plus récents ont montré que ces solutions étaient toutes très instables : la moindre perturbation, par exemple celle causée par la présence d'un vaisseau spatial, détruirait le « trou de ver », ou passage, menant du trou noir au trou blanc. Le vaisseau spatial serait mis en pièces par des forces infiniment puissantes. Ce serait comme de se jeter dans les chutes du Niagara à l'intérieur d'une barrique.

Après cela, l'affaire paraissait sans espoir. Les trous noirs pourraient servir à se débarrasser des ordures, ou même de certains de ses amis. Mais ils semblaient former « un pays dont nul voyageur ne revient ». Cependant, tout ce que j'ai dit jusqu'à présent était fondé sur des calculs utilisant la relativité générale. Cette théorie s'accorde magnifiquement avec toutes les observations que nous avons effectuées. Mais nous savons qu'elle n'est pas entièrement exacte, parce qu'elle omet le principe d'incertitude de la mécanique quantique. Celui-ci affirme que les particules ne peuvent avoir à la fois une position et une vitesse bien définies. Plus grande est la précision avec laquelle vous mesurez la position d'une particule, plus faible sera celle de la mesure de sa vitesse, et *vice versa*.

En 1973, j'ai commencé à réfléchir à ce que changerait la prise en compte du principe d'incertitude dans le cas des trous noirs. À ma grande surprise, ainsi qu'à celle de tout le monde, j'ai découvert que cela signifiait que les trous noirs n'étaient pas complètement noirs. Ils devraient émettre du rayonnement et des particules en assez grande quantité. Mes résultats ont été accueillis par l'incrédulité générale lorsque je les ai annoncés dans une conférence près d'Oxford. Le président de séance a dit qu'ils étaient absurdes et il a écrit un article pour enfoncer le clou. Cependant, lorsque d'autres chercheurs ont refait mes calculs, ils ont abouti au même résultat. Si bien qu'en fin de compte, même le président de séance a reconnu que j'avais raison.

Comment un rayonnement peut-il échapper au champ gravitationnel d'un trou noir ? On peut le comprendre de différentes manières, qui sont en fait fondamentalement équivalentes. Selon l'une d'elles, le principe d'incertitude permet à des particules de voyager plus vite que la lumière, sur de très courtes distances. Ainsi, des particules et du rayonnement peuvent passer l'horizon d'événement et fuir du trou noir. Ainsi, il est possible à des choses de sortir d'un trou noir. Cependant, ce qui sort d'un trou noir sera différent de ce qui y est entré. Seule l'énergie sera la même.

À mesure qu'un trou noir émet des particules et du rayonnement, il va perdre de la masse. Il va donc rapetisser et émettre de plus en plus de particules. Finalement, il arrivera à une masse nulle et disparaîtra complètement. Qu'advient-il alors des objets, y compris d'éventuels vaisseaux spatiaux, qui sont tombés dedans ? Selon certaines recherches que j'ai menées récemment, la réponse est qu'ils atterrissent dans un petit bébé univers à eux : un petit univers autonome divergeant à partir de notre région de l'Univers. Ce bébé univers peut rejoindre à nouveau notre région de l'espace-temps. Si c'est le cas, il nous apparaîtrait comme un autre trou noir, qui se serait formé, puis évaporé. Les particules tombées dans un trou noir apparaîtraient comme des particules émises par l'autre trou noir, et *vice versa*.

Cela ressemble tout à fait à un moyen de voyager à travers l'espace en utilisant les trous noirs. Vous engagez votre vaisseau spatial dans un trou noir adéquat. Il vaut mieux qu'il soit très gros, sinon les forces gravitationnelles vous transformeront en spaghetti avant même que vous soyez entré dedans. Vous pourriez ensuite espérer réapparaître depuis un autre trou noir, même si vous ne pourriez choisir où.

Il y a cependant un os dans ce procédé de transport intergalactique. Le bébé univers qui accueille les particules tombées dans le trou noir se trouve dans ce qu'on appelle le « temps imaginaire ». Dans le temps réel, un astronaute tombant dans un trou noir passerait un mauvais quart d'heure. Il serait mis en pièces par la différence entre les forces gravitationnelles s'appliquant à sa tête et à ses pieds. Même les particules qui composent son corps n'y survivraient pas. Leurs histoires dans le temps réel s'achèveraient en une singularité. Cependant, les histoires des particules se poursuivraient dans le temps imaginaire. Elles passeraient dans le bébé univers et réapparaîtraient comme des particules émises par un autre trou noir. Ainsi, en un sens, l'astronaute serait transporté dans une autre région de l'Univers. Cependant, les particules réapparues ne ressembleraient guère à l'astronaute. Lorsqu'il se heurterait à la singularité dans le temps réel, ce serait une mince consolation pour lui de savoir que ses particules survivront dans le temps imaginaire. Le mot d'ordre pour quiconque tombe dans un trou noir doit être : pensez imaginaire.

Qu'est-ce qui détermine l'endroit où la particule réapparaît ? Le nombre de particules contenues dans le bébé univers sera égal au nombre de particules tombées dans le trou noir, plus le nombre de particules qu'il aura émis durant son évaporation. Cela signifie que les particules qui tombent dans un trou noir sortiront d'un autre trou avec approximativement la même masse. Ainsi, on pourrait essayer de choisir l'endroit où les particules ressortiront en créant un trou noir de la même masse que celui dans lequel les particules auront disparu. Cependant, le trou noir pourrait tout aussi bien émettre un autre ensemble de particules possédant la même énergie totale. Même si le trou noir émettait la bonne espèce de particules, on ne pourrait dire si c'étaient bien les mêmes que celles qui avaient disparu dans l'autre trou noir. Les particules ne portent pas de carte d'identité : toutes les particules d'une espèce donnée se ressemblent.

La morale de toute cette affaire, c'est que passer par un trou noir a peu de chance de devenir un moyen de transport spatial fiable et répandu. Tout d'abord, vous seriez obligé d'y aller en voyageant dans le temps imaginaire, sans vous soucier que votre histoire dans le temps réel tourne court. Ensuite, vous ne pourriez pas réellement choisir votre destination. Ce serait un peu comme voyager sur certaines compagnies aériennes que je ne nommerai pas.

Bien que les bébés univers ne puissent sans doute pas servir à grand-chose pour les voyages spatiaux, ils ont des implications importantes pour notre quête d'une théorie entièrement unifiée qui décrive tout l'Univers. Nos théories actuelles contiennent un certain nombre de quantités, comme la charge électrique des particules, dont la valeur ne peut être prédite par la théorie. Elles doivent être choisies en accord avec les observations. Cependant, la majorité des scientifiques pensent qu'il existe une théorie unifiée sous-jacente qui prédira la valeur de toutes ces quantités.

Cette théorie existe peut-être déjà. Le meilleur candidat actuel s'appelle la « supercorde hétérotique ». L'idée est que l'espace-temps est rempli de petites boucles, comme des bouts de ficelle. Ce que nous nous représentons comme des particules élémentaires est en réalité constitué par ces petites boucles vibrant de différentes manières. Cette théorie ne contient aucun nombre dont la valeur puisse être ajustée. On attendrait donc de cette théorie unifiée qu'elle soit capable de prédire toutes les valeurs des quantités, comme la charge électrique d'une particule, que nos théories actuelles ne déterminent pas. Bien que nous n'ayons pas encore réussi à prédire aucune de ces quantités à partir de la théorie des supercordes, nombreux sont ceux qui pensent que nous finirons par y arriver.

Cependant, si cette idée de bébés univers est correcte, notre capacité à prédire ces quantités sera réduite, parce que nous ne pouvons savoir combien de bébés univers attendent de rejoindre notre région de l'Univers. Il peut y avoir des bébés univers ne contenant que quelques particules. Ils sont si petits que personne ne remarquerait leur rattachement ou leur divergence. Cependant, en se rattachant, ils altéreront la valeur apparente de quantités telles que la charge électrique d'une particule. Ainsi, nous ne serons pas capables de prédire la valeur apparente de ces quantités, parce que nous ne savons pas combien de bébés univers attendent là-dehors. Il pourrait y avoir une explosion démographique de bébés univers. Cependant, contrairement au cas des hommes, il ne semble pas exister de facteur limitatif tels que les ressources alimentaires ou l'espace. Les bébés univers existent dans un domaine qui leur est propre. C'est un peu comme de demander combien d'anges peuvent danser sur une tête d'épingle.

Pour la plupart des quantités, les bébés univers semblent introduire une part non négligeable, même si elle est très faible, d'incertitude sur les valeurs prédites. Cependant, ils pourraient apporter une explication à la valeur observée d'une quantité très importante, la « constante cosmologique ». C'est un terme des équations de la relativité générale qui confère à l'Univers une tendance innée à l'expansion ou à la contraction. Einstein avait d'abord introduit une constante cosmologique très faible dans l'espoir de contrebalancer la tendance de la matière à faire se contracter l'Univers. Cette motivation a disparu lorsqu'on a découvert que l'Univers était en expansion. Mais il n'était pas si facile de se débarrasser de la constante cosmologique. On pourrait s'attendre à ce que les fluctuations impliquées par la mécanique quantique donnent une constante cosmologique assez élevée. Pourtant, nous pouvons observer la manière dont l'expansion de l'Univers varie avec le temps et déterminer ainsi que la constante cosmologique est très faible. Jusqu'à présent, on n'a pas donné d'explication satisfaisante à la faiblesse de la valeur observée. Cependant, l'existence de bébés univers divergeant ou se rattachant affectera la valeur apparente de la constante cosmologique. Comme nous ne savons pas combien il existe de bébés univers, différentes valeurs de la constante cosmologique sont possibles. Cependant, une valeur quasi nulle est de loin la plus probable. C'est heureux, parce que ce n'est que pour une valeur très faible de la constante cosmologique que l'Univers est adapté à des êtres comme nous.

En résumé, il semble que les particules puissent tomber dans des trous noirs, qui s'évaporent ensuite et disparaissent de notre région de l'Univers. Les particules partent dans des bébés univers, qui divergent de notre Univers. Ces bébés univers peuvent alors revenir à un autre endroit. Ils ne serviront peut-être pas à grand-chose pour les voyages spatiaux, mais leur présence signifie que nous ne serons pas capables de prédire tout ce que nous espérions, même si nous trouvons une théorie entièrement unifiée. En revanche, nous sommes peut-être dès à présent capables d'offrir une explication à la valeur mesurée de certaines quantités, comme la constante cosmologique. Ces dernières années, beaucoup de gens se sont mis à travailler sur les bébés univers. Je ne pense pas que quiconque fasse fortune en les brevetant comme moyen de transport spatial. Mais ils sont devenus un domaine de recherche captivant.

Chapitre 13

Tout est-il déterminé [1] ?

Dans *Jules César*, Cassius dit à Brutus : « Les hommes sont parfois maîtres de leur destin. » Le sommes-nous réellement ? Ou bien tout ce que nous faisons est-il déterminé et prédestiné ? L'argument classique en faveur de la prédestination était que Dieu est omnipotent et hors du temps : il savait donc ce qui allait arriver. Comment pourrions-nous alors avoir le moindre libre arbitre ? Et si nous n'avons pas de libre arbitre, comment pouvons-nous être responsables de nos actes ? Ce n'est guère de votre faute si vous avez été prédestiné à attaquer une banque. Dans ce cas, pourquoi vous punirait-on ?

En des temps plus modernes, l'argument en faveur du déterminisme a été fondé sur la science. Il semble qu'il existe des lois bien définies qui régissent le développement de l'Univers et de tout ce qu'il contient au cours du temps. Bien que nous n'ayons pas encore trouvé la forme exacte de toutes ces lois, nous en savons

---

1. Séminaire du club Sigma de l'université de Cambridge, avril 1990.

déjà assez pour déterminer ce qui arrive dans toutes les situations sauf les plus extrêmes. Quant à savoir si nous trouverons les lois manquantes dans un avenir relativement proche, c'est une question d'opinion. Je suis optimiste : je pense que nous avons une chance sur deux de les trouver d'ici vingt ans. Mais même si nous n'y arrivons pas, cela ne changera pas grand-chose à l'argument. Le point important est qu'il pourrait exister un ensemble de lois qui détermine entièrement l'évolution de l'Univers depuis son état initial. Ces lois ont pu être ordonnées par Dieu. Mais il semble que Il (ou Elle) n'intervienne pas dans l'Univers pour violer ces lois.

La configuration initiale de l'Univers a pu être choisie par Dieu. Ou bien elle peut avoir été elle-même déterminée par les lois de la science. Dans un cas comme dans l'autre, il semble que tout dans l'Univers soit ensuite déterminé par l'évolution selon les lois de la science. Il est donc difficile de voir comment nous pourrions être maîtres de notre destin.

L'idée qu'il existe une grande théorie unifiée qui détermine le monde tout entier suscite de nombreuses difficultés. Tout d'abord, on peut présumer que la grande théorie unifiée est d'une formulation mathématique élégante et concise. La Théorie de Tout doit être d'une simplicité peu commune. Pourtant, comment quelques équations peuvent-elles rendre compte de la complexité et du fourmillement de détails que nous observons autour de nous ? Peut-on réellement croire que la grande théorie unifiée détermine que Sinead O'Connor soit numéro un au hit-parade de cette semaine et que Madonna fasse la couverture de *Cosmopolitan* ?

Deuxième problème posé par l'idée que tout est déterminé par une grande théorie unifiée : tout ce que nous disons serait aussi déterminé par la théorie. Et pourquoi déterminerait-elle que ce sera correct ? N'est-il pas plus probable que ce soit faux, tellement il existe d'assertions fausses pour chaque assertion vraie ? Chaque semaine, mon courrier contient un certain nombre de théories qui me sont envoyées par des lecteurs. Elles sont toutes différentes et en général mutuellement incompatibles. Pourtant, on peut présumer que la grande théorie unifiée a déterminé que leurs auteurs les croient justes. Alors pourquoi ce que je peux dire aurait-il une validité supérieure ? Ne suis-je pas tout autant déterminé par la grande théorie unifiée ?

Troisième problème : nous avons le sentiment de notre libre arbitre, que nous avons la liberté de choisir de faire ou de ne pas faire quelque chose. Mais si tout est déterminé par les lois de la science, le libre arbitre doit être une illusion. Et si nous n'avons pas de libre arbitre, sur quoi se fonde notre responsabilité ? Nous ne punissons pas les gens pour leurs crimes en cas de démence, parce que nous disons qu'ils n'ont pu s'empêcher de faire ce qu'ils ont fait. Mais si nous sommes tous déterminés par une grande théorie unifiée, aucun d'entre nous ne peut s'empêcher de rien faire. Alors pourquoi devrait-on être tenu responsable de ses actes ?

Ces problèmes posés par le déterminisme ont été discutés tout au long des siècles. Cependant, la discussion restait assez spéculative, car nous étions loin de connaître assez bien les lois de la science. Et nous ne savions pas comment était déterminé l'état initial de l'Univers. Mais le problème devient plus pressant à présent que la possibilité existe de trouver une théorie entièrement unifiée d'ici à peine vingt ans. Et nous découvrons que l'état initial pourrait être lui aussi déterminé par les lois de la science. Dans ce qui suit, je tente de traiter ce problème à ma manière. Je ne prétends pas à une grande originalité, ni à la profondeur, mais je ne peux pas faire mieux pour l'instant.

Commençons par le premier problème : comment une théorie relativement simple et concise peut-elle donner naissance à un univers aussi complexe que celui que nous observons, avec sa multitude de détails sans importance ? La clé réside dans le principe d'incertitude de la mécanique quantique. Celui-ci affirme qu'on ne peut mesurer simultanément avec une grande précision la position et la vitesse d'une particule : plus exacte est la mesure de la position, moins celle de la vitesse le sera, et *vice versa*. Cette incertitude n'est pas si importante maintenant que les choses sont si éloignées les unes des autres qu'une légère incertitude sur la position ne fait guère de différence. Mais au commencement de l'Univers, tout était très rapproché, si bien qu'il y avait beaucoup d'incertitude et qu'il existait de nombreux états possibles pour l'Univers. Ces différents états primordiaux possibles auraient évolué pour donner lieu à toute une famille d'histoires différentes pour l'Univers. La plupart de ces histoires seraient en gros semblables. Elles correspondraient à un univers uniforme, lisse et en expansion. Cependant, elles différeraient par certains détails, comme la distribution des étoiles et plus encore la couverture des magazines (dans le cas où ces histoires comprendraient des magazines). Ainsi, la complexité de l'Univers qui nous entoure et ses détails naissent du principe d'incertitude lors des toutes premières étapes. Cela donne toute une famille d'histoires possibles pour l'Univers. Il y aurait une histoire dans laquelle les nazis auraient gagné la Deuxième Guerre mondiale, bien que la probabilité soit faible. Mais il se trouve que nous vivons dans une histoire où les Alliés ont gagné la guerre et où Madonna fait la couverture de *Cosmopolitan*.

Je passe à présent au second problème : si ce que nous faisons est déterminé par une grande théorie unifiée, pourquoi la théorie devrait-elle déterminer que nous tirions des conclusions exactes sur l'Univers ? Pourquoi ce que nous disons doit-il avoir la moindre validité ? Ma réponse à cette question est fondée sur l'idée darwinienne de sélection naturelle. J'imagine qu'une forme de vie très primitive est née spontanément sur Terre à partir d'une combinaison aléatoire d'atomes. Cette forme de vie primitive était probablement une grosse molécule. Mais ce n'était sans doute pas l'ADN, car les chances de former une molécule d'ADN par des combinaisons purement aléatoires sont infimes.

Cette forme de vie primitive se serait reproduite. Le principe d'incertitude et l'agitation thermique des atomes signifient qu'il se produirait un certain nombre d'erreurs dans la reproduction. La plupart de ces erreurs seraient fatales pour la viabilité de l'organisme ou pour sa capacité à se reproduire. Ces erreurs ne seraient pas transmises aux générations suivantes, mais s'éteindraient. Quelques très rares erreurs seraient bénéfiques, par pur hasard. Les organismes porteurs de ces erreurs auraient de meilleures chances de survie et de reproduction. Ils tendraient donc à remplacer les organismes originaux, non pourvus de cette amélioration.

Le développement de la structure en double hélice de l'ADN a pu être l'une de ces améliorations initiales. Il a dû représenter un tel progrès qu'il a remplacé une forme de vie antérieure, quelles qu'aient été ses caractéristiques. Avec les progrès de l'évolution, cela aurait conduit au développement du système nerveux central. Des créatures capables de saisir correctement les implications des données rassemblées par leurs organes sensoriels et de prendre des mesures adéquates, auraient de meilleures chances de survie et de reproduction. La race humaine a franchi une étape supplémentaire. Nous sommes très semblables aux grands singes, tant par notre corps que par notre ADN ; mais une légère variation de notre ADN nous a permis de développer le langage. En conséquence, nous avons pu transmettre des informations et une somme d'expériences de génération en génération, sous une forme d'abord orale, puis écrite. Auparavant, le produit de l'expérience ne pouvait être transmis que par le lent processus de l'encodage dans l'ADN à travers les erreurs aléatoires de reproduction. Il en est résulté une accélération spectaculaire de l'évolution. Il a fallu plus de trois milliards d'années pour arriver à la race humaine. Mais au cours des dix mille dernières années, nous avons développé le langage écrit. Cela nous a permis de progresser du stade de l'homme des cavernes à celui où nous pouvons spéculer sur la théorie ultime de l'Univers.

Il n'y a pas eu d'évolution biologique significative, ni de changement dans l'ADN humain, au cours de ces dix mille dernières années. Ainsi, notre intelligence, notre capacité à tirer des conclusions correctes des informations apportées par nos organes sensoriels doit remonter à notre stade d'hommes des cavernes. Elle a dû être sélectionnée sur la base de notre capacité à tuer certains animaux pour nous nourrir et à éviter de tomber sous les griffes d'autres prédateurs. Il est remarquable que des qualités mentales qui ont été sélectionnées à ces fins nous rendent d'aussi grands services dans les circonstances présentes, qui sont si différentes. Il n'y a probablement pas un grand avantage en termes de survie à tirer de la découverte d'une grande théorie unifiée ou de réponses à des questions sur le déterminisme. Néanmoins, l'intelligence que nous avons développée pour d'autres raisons peut bien nous assurer que nous trouverons les réponses exactes à ces questions.

Je me tourne à présent vers le troisième problème, la question du libre arbitre et de la responsabilité. Nous sentons subjectivement que nous avons la capacité de choisir qui nous sommes et ce que nous faisons. Mais il se peut fort bien que ce soit une illusion. Certaines personnes se prennent pour Jésus-Christ ou Napoléon, et ils ne peuvent tous avoir raison. Ce qu'il nous faut, c'est un test objectif que nous puissions appliquer de l'extérieur pour déterminer si un organisme possède un libre arbitre. Par exemple, imaginons que nous recevions la visite d'un petit homme vert venu d'une autre étoile. Comment déciderions-nous s'il possède un libre arbitre ou si ce n'est qu'un robot programmé pour réagir comme s'il nous ressemblait ?

Le test objectif ultime du libre arbitre semble être : *peut-on prédire le comportement de l'organisme ?* Si oui, il ne possède manifestement pas un libre arbitre, mais il est prédéterminé. En revanche, si l'on ne peut pas prédire son comportement, on peut prendre pour définition opérationnelle que l'organisme possède un libre arbitre.

On pourrait objecter à cette définition du libre arbitre en arguant qu'une fois trouvée une théorie entièrement unifiées, nous serons capables de prédire ce que font les gens. Cependant, le cerveau humain est lui aussi soumis au principe d'incertitude. Le comportement humain recèle donc un élément aléatoire lié à la mécanique quantique. Mais les énergies impliquées dans le cerveau sont faibles ; l'incertitude quantique n'a donc qu'un faible effet. La véritable raison pour laquelle nous ne pouvons prévoir le comportement humain est que c'est tout simplement trop difficile. Nous connaissons déjà les lois physiques fondamentales qui gouvernent l'activité du cerveau, et elles sont relativement simples. Mais les équations sont beaucoup trop difficiles à résoudre dès qu'elles font intervenir plus de quelques particules. Même dans la simple théorie de la gravité de Newton, on ne peut résoudre exactement les équations que dans le cas de deux particules. Pour trois particules ou plus, on doit recourir à des approximations, et la difficulté croît rapidement avec le nombre de particules. Le cerveau humain contient environ dix puissance vingt-six, soit cent millions de milliards de milliards de particules. Cela en fait beaucoup trop pour que nous puissions jamais résoudre les équations et prédire le comportement du cerveau à partir de son état initial et des informations qu'il reçoit. En fait, bien sûr, nous ne pouvons même pas mesurer son état initial, car cela nous obligerait à le démonter entièrement. Même si nous étions prêts à le faire, il y aurait tout simplement trop de particules à enregistrer. De plus, le cerveau est très sensible à l'état initial : un léger changement dans l'état initial peut avoir de grandes conséquences sur le comportement ultérieur. Donc, bien que nous connaissions les équations fondamentales qui régissent le cerveau, nous sommes dans l'incapacité de les utiliser pour prédire le comportement humain.

Cette situation se retrouve chaque fois que nous abordons un système macroscopique, parce que le nombre de particules est toujours trop grand pour qu'il y ait une chance de résoudre les équations fondamentales. Ce que nous faisons alors, c'est que nous utilisons des théories effectives. Celles-ci sont des approximations où l'on remplace par quelques variables le très grand nombre de particules. La mécanique des fluides en est un exemple. Un liquide tel que l'eau est formé de milliards de milliards de molécules, qui sont elles-mêmes composées d'électrons, de protons et de neutrons. Pourtant, traiter le liquide comme un milieu continu simplement caractérisé par sa vitesse, sa densité et sa température est une bonne approximation. Les prédictions de la théorie effective de la mécanique des fluides ne sont pas exactes — il suffit d'écouter les bulletins météorologiques pour s'en rendre compte —, mais elles sont suffisamment bonnes pour permettre de concevoir des bateaux ou des pipelines.

Je voudrais suggérer que les concepts de libre arbitre et de responsabilité morale représentent en réalité une théorie effective au sens de la mécanique des fluides. Il se peut que tout ce que nous faisons soit déterminé par une grande théorie unifiée. Si cette théorie a déterminé que nous mourrons par pendaison, alors nous ne nous noierons pas. Mais il faudrait être bigrement sûr d'être voué à la potence pour prendre la mer sur une coquille de noix au milieu d'une tempête. J'ai remarqué que même les gens qui affirment que tout est prédestiné et que nous ne pouvons rien y changer regardent avant de traverser la rue. Peut-être est-ce seulement que ceux qui ne regardent pas ne sont plus là pour le dire.

On ne peut fonder sa conduite sur l'idée que tout est déterminé, parce qu'on ne sait pas ce qui a été déterminé. Il faut au contraire adopter la théorie effective du libre arbitre et de la responsabilité. Cette théorie n'est pas très bonne pour prédire le comportement humain. Mais nous l'adoptons parce qu'il n'y a aucune chance de résoudre les équations issues des lois fondamentales. Il existe aussi une raison darwinienne de croire au libre arbitre. Une société dans laquelle l'individu se sent responsable de ses actes a de meilleures chances de travailler de concert et de perdurer pour répandre ses valeurs. Bien sûr, les fourmis travaillent ensemble ; mais leur société est statique. Elle ne peut réagir à de nouveaux défis ou saisir de nouvelles possibilités. Cependant, des individus libres, qui partagent certaines visées collectives, peuvent collaborer à des objectifs communs tout en étant assez flexibles pour innover. Ainsi, une telle société est plus à même de prospérer et de répandre son système de valeurs.

Le concept de libre arbitre appartient à un domaine différent de celui des lois fondamentales de la science. Si on essaie de déduire le comportement humain des lois scientifiques, on tombe dans le piège que représente le paradoxe logique des systèmes autoréférentiels. Si ce que l'on fait peut être prédit par les lois fondamentales, alors le fait d'effectuer cette prédiction peut changer ce qui va se produire. C'est le même genre de problème qu'on rencontrerait s'il était possible de voyager dans le temps. Si vous saviez quel cheval va remporter le prix de l'Arc de Triomphe, vous pourriez faire fortune en pariant sur lui. Mais cet acte modifierait la cote. Il suffit de voir *Retour vers le futur* pour se rendre compte des problèmes qui peuvent surgir.

Le paradoxe qui apparaît lorsqu'on est capable de prédire ses propres actes est étroitement lié au problème que j'ai mentionné plus tôt : la théorie ultime déterminera-t-elle que nous arrivions aux conclusions exactes sur la théorie ultime ? En l'occurrence, j'ai répondu que l'idée darwinienne de sélection naturelle nous amènerait à la réponse correcte. La réponse correcte n'est peut-être pas le terme approprié, mais la sélection naturelle devrait au moins nous amener à déterminer un ensemble de lois physiques qui fonctionnent bien. Cependant, nous ne pouvons appliquer ces lois physiques pour déduire le comportement humain, et ce pour deux raisons. D'abord, nous ne pouvons résoudre les équations. Ensuite, même si nous le pouvions, le fait d'opérer une prédiction modifierait le système. Par contre, la sélection naturelle semble nous amener à adopter la théorie effective du libre arbitre. Si on accepte l'idée qu'une personne est libre de ses actes, on peut alors affirmer que dans certains cas, ceux-ci sont déterminés par des forces extérieures. Le concept de « quasi-libre arbitre » ne veut rien dire. Mais les gens tendent à confondre le fait que l'on puisse deviner le choix probable d'un individu avec l'idée que son choix n'est pas libre. Je devine que vous dînerez probablement ce soir, mais vous êtes parfaitement libre de vous coucher le ventre creux. La doctrine de la responsabilité atténuée est un bon exemple de pareille confusion : on suppose qu'une personne ne doit pas être punie pour ses actes si elle était dans un état de stress aigu. Il se peut qu'une personne soit plus à même de commettre un acte antisocial lorsqu'elle est stressée, mais cela ne signifie pas qu'il faille encore accroître la probabilité qu'elle commette cet acte en réduisant la punition.

Il est nécessaire de bien distinguer la recherche des lois fondamentales de la science et l'étude du comportement humain. On ne peut pas utiliser les lois fondamentales pour déduire le comportement humain pour les raisons que j'ai mentionnées. Mais on peut espérer pouvoir compter à la fois sur l'intelligence et sur les capacités de raisonnement logique que nous avons développées à travers la sélection naturelle. Malheureusement, la sélection naturelle semble aussi avoir favorisé d'autres caractéristiques, telles que l'agressivité. L'agressivité aurait procuré un avantage de survie aux hommes des cavernes et aurait donc été encouragée par la sélection naturelle. Cependant, l'accroissement prodigieux de nos capacités de destruction sous l'effet de la science et de la technologie moderne a fait de l'agressivité une menace pour la survie de la race humaine tout entière. Le problème est que nos instincts agressifs semblent être encodés dans notre ADN. L'ADN étant soumis à une évolution biologique, il ne change qu'à l'échelle de millions d'années ; mais nos capacités de destruction croissent selon une échelle de temps qui est celle de l'évolution de l'information, soit une vingtaine ou une trentaine d'années. À moins que nous ne sachions utiliser notre intelligence pour contrôler notre agressivité, la race humaine n'a guère de chances. Mais tant qu'il y a de la vie, il y a de l'espoir. Si nous passons le cap des cent années à venir, nous aurons gagné d'autres planètes, peut-être même d'autres étoiles. Cela rendra beaucoup moins probable que la race humaine puisse être rayée de la face du monde par un désastre tel qu'une guerre nucléaire.

En résumé, j'ai débattu de certains des problèmes qui apparaissent si l'on croit que l'Univers est entièrement déterminé. Que l'on attribue ce déterminisme à un Dieu omnipotent ou aux lois scientifiques, peu importe au fond. On peut toujours dire que les lois de la science sont l'expression de la volonté divine.

J'ai examiné trois questions. Tout d'abord, comment la complexité de l'Univers, avec sa multitude de détails insignifiants, peut-elle être déterminée par un simple jeu d'équations ? Ou bien, peut-on réellement croire que Dieu se soit préoccupé de tous ces détails, et qu'il soit allé jusqu'à décider qui figurera en couverture de *Cosmopolitan* ? La réponse semble être que le principe d'incertitude de la mécanique quantique signifie qu'il n'existe pas d'histoire unique de l'Univers, mais toute une famille d'histoires possibles. Ces histoires peuvent être très semblables à l'échelle cosmique, mais elles différeront largement à l'échelle normale de la vie quotidienne. Il se trouve que nous vivons dans une certaine histoire particulière, qui possède certaines propriétés et présente certains détails. Mais il existe des êtres vivants très semblables qui vivent dans des histoires où ce ne sont pas les mêmes qui ont gagné la guerre, ni le même qui est numéro un au hit-parade. Ainsi, les détails insignifiants de notre Univers naissent de ce que les lois fondamentales comprennent la mécanique quantique avec son élément d'incertitude ou d'aléa.

La seconde question était : si tout est déterminé par une certaine théorie fondamentale, alors ce que nous disons de cette théorie est aussi déterminé par la théorie – et pourquoi devrait-elle déterminer que ce soit exact, plutôt que complètement faux ou non pertinent ? Ma réponse consistait à faire appel à la théorie de l'évolution de Darwin : seuls les individus qui tirent les conclusions appropriées du monde qui les entoure ont des chances de survivre et de se reproduire.

La troisième question était : si tout est déterminé, que reste-t-il du libre arbitre et de la responsabilité ? Mais le seul test objectif de l'existence d'un libre arbitre chez un organisme est la prévisibilité de son comportement. En ce qui concerne les êtres humains, nous sommes tout à fait incapables d'utiliser les lois fondamentales pour prédire ce que feront les gens, et ce pour deux raisons. La première est que nous ne pouvons résoudre les équations du fait du grand nombre de particules impliquées. La seconde est que même si nous savions résoudre les équations, le fait d'opérer une prédiction dérangerait le système et amènerait une issue différente. Donc, comme nous ne pouvons pas prédire le comportement humain, nous pouvons tout aussi bien adopter la théorie effective selon laquelle les êtres humains sont des agents libres qui peuvent choisir ce qu'ils font. Il semble que le fait de croire au libre arbitre et à la responsabilité entraîne des avantages réels en termes de survie. Cela signifie que cette croyance devrait être renforcée par la sélection naturelle. Il reste à voir si le sentiment de responsabilité transmis par le langage est suffisant pour contrôler l'instinct d'agression transmis par l'ADN. Si ce n'est pas le cas, la race humaine aura été l'une des voies sans issue de la sélection. Peut-être une autre race d'êtres intelligents ailleurs dans la galaxie parviendra-t-elle à un meilleur équilibre entre responsabilité et agressivité. Mais dans ce cas, nous aurions pu nous attendre à avoir été contactés par eux, ou au moins à avoir détecté leurs signaux radio. Peut-être sont-ils au fait de notre existence mais ne veulent-ils pas se révéler à nous. Cela pourrait être sage.

En résumé, le titre de cet essai était une question : « Tout est-il déterminé ? » La réponse est oui. Mais elle pourrait tout aussi bien être non, parce que nous ne pourrons jamais savoir ce qui est déterminé.

Chapitre 14

L'avenir de l'Univers [1]

Le sujet de cet essai est l'avenir de l'Univers, ou plutôt son avenir tel que le voient les scientifiques. Bien sûr, prédire l'avenir est très difficile. Je me suis dit un jour que je devrais écrire un livre que j'intitulerais *Les Lendemains d'hier, une histoire du futur.* C'eût été un essai de futurologie, discipliné qui s'est presque toujours lourdement trompée. Pourtant, malgré ces échecs, les scientifiques pensent toujours pouvoir prédire l'avenir.

Autrefois, prédire l'avenir était l'affaire des oracles ou des sibylles. C'était le plus souvent des femmes, qu'une drogue ou les émanations d'une bouche volcanique faisaient entrer en transe. Leurs divagations étaient ensuite interprétées par les prêtres. Toute la finesse résidait dans l'interprétation. Le fameux oracle de Delphes, dans la Grèce antique, était connu pour sa subtilité et sa prudence. Lorsque les Spartiates lui demandèrent ce qui arriverait si les Perses attaquaient

----

1. Conférence prononcée à l'université de Cambridge en janvier 1991.

la Grèce, l'oracle répondit : Sparte sera détruite ou son roi sera tué. J'imagine que les prêtres misaient sur le fait que si ni l'une ni l'autre de ces éventualités ne se produisaient, les Spartiates en seraient si reconnaissants à Apollon qu'ils oublieraient que l'oracle s'était trompé. En fait, le roi fut tué en défendant le défilé des Thermopyles, lors d'une bataille qui sauva Sparte et causa finalement la perte des Perses.

En une autre occasion, Crésus, roi de Lydie, l'homme le plus riche du monde, demanda ce qui arriverait s'il envahissait la Perse. La réponse fut qu'un grand royaume tomberait. Crésus crut qu'il s'agirait de l'empire perse, mais ce fut son propre royaume qui tomba, et lui-même finit sur un bûcher, brûlé vif.

Les récents prophètes de l'apocalypse se sont montrés plus disposés à se mouiller en avançant des dates précises pour la fin du monde. Celles-ci ont eu tendance à déprimer la Bourse, ce qui me dépasse : pourquoi la fin du monde vous amènerait-elle à échanger vos actions contre de l'argent liquide, lequel n'a sans doute pas cours dans l'au-delà ?

Un certain nombre de dates ont été avancées pour la fin du monde. Jusqu'ici, on les a toujours passées sans incident. Mais les prophètes ont souvent une explication pour leurs échecs apparents. Par exemple, William Miller, le fondateur des Adventistes du Septième Jour, a prédit que le second avènement du Messie aurait lieu entre le 21 mars 1843 et le 21 mars 1844. Rien ne s'étant produit, la date fut repoussée au 22 octobre 1844. Celle-ci étant passée à son tour sans incident, une nouvelle interprétation fut avancée. Selon celle-ci, 1844 était le début du second avènement. Mais auparavant, les noms du Livre de la Vie devaient être comptés. Alors seulement viendrait le Jugement Dernier pour ceux qui ne figureraient pas dans le Livre. Heureusement pour nous autres, le décompte semble prendre beaucoup de temps.

Bien sûr, les prédictions scientifiques peuvent n'être pas beaucoup plus fiables que celles des oracles ou des prophètes. Il suffit de penser aux prévisions météorologiques. Mais il est certaines situations dans lesquelles nous pensons pouvoir établir des prédictions fiables, et l'avenir de l'Univers, à très grande échelle, est l'une d'entre elles.

Au cours des trois cents dernières années, nous avons découvert les lois scientifiques qui régissent le comportement de la matière dans toutes les situations normales. Nous ne connaissons pas encore exactement celles qui interviennent dans des situations très extrêmes. Ces lois sont importantes pour comprendre les débuts de l'Univers. Mais elles n'affectent pas l'évolution future de l'Univers, à moins que, et jusqu'à ce que, l'Univers s'effondre à nouveau vers un état de haute densité. En fait, les sommes énormes que nous devons dépenser pour construire des accélérateurs de particules géants afin de les tester montrent bien le faible impact qu'ont aujourd'hui ces lois des hautes énergies.

Bien que nous puissions arriver à connaître les lois qui gouvernent l'Univers, nous ne serons pas nécessairement capables de les utiliser pour prédire loin dans l'avenir. Parce que les solutions des équations de la physique pourraient s'avérer chaotiques ou instables : c'est-à-dire qu'il suffit de modifier à peine l'état du système à un certain moment pour que son comportement ultérieur devienne totalement différent. Par exemple, si vous modifiez légèrement l'impulsion que vous donnez à une roulette de casino, vous changerez le nombre qui sortira : il est pratiquement impossible de prédire ce nombre. Sinon, les physiciens feraient fortune aux tables des casinos.

Avec les systèmes instables, il existe généralement un intervalle de temps au terme duquel une modification de l'état initial débouchera sur un changement deux fois plus important. Dans le cas de l'atmosphère terrestre, cet intervalle est de l'ordre de cinq jours, soit à peu près le temps que met l'air à faire le tour du monde. On peut faire des prévisions météorologiques d'une précision raisonnable sur cinq jours, mais prédire le temps à plus longue échéance nécessiterait à la fois une connaissance extrêmement précise de l'état présent de l'atmosphère *et* un calcul d'une complexité impossible. On ne peut rien dire de mieux sur le temps qu'il fera dans six mois qu'indiquer la moyenne saisonnière.

Nous connaissons aussi les lois fondamentales qui régissent la chimie et la biologie ; donc, en principe nous devrions être capables de déterminer comment fonctionne le cerveau. Mais les équations qui régissent le fonctionnement du cerveau sont certainement de nature chaotique. Ainsi, en pratique on ne peut prédire le comportement humain, alors même que nous connaissons les équations qui le régissent. La science ne peut pas prédire l'avenir de la société humaine, ni même si celle-ci a un avenir. Le danger est que notre capacité à dégrader notre environnement et à nous entretuer croît beaucoup plus rapidement que notre sagesse dans l'usage de ces capacités.

Quoi qu'il arrive à la Terre, le reste de l'Univers poursuivra son histoire. Il semblerait que le mouvement des planètes autour du Soleil soit en dernier ressort chaotique, bien qu'à très long terme seulement. Cela signifie que l'erreur sur une prédiction croît avec le passage du temps. Après un certain temps, il devient impossible de prédire le mouvement en détail. Nous pouvons être à peu près certains que la Terre ne frôlera pas Vénus avant longtemps, mais nous ne pouvons pas affirmer que de légères perturbations de l'orbite ne pourront pas s'additionner pour provoquer une telle rencontre dans un milliard d'années. Les mouvements du Soleil autour de la Galaxie et de la Galaxie au sein du Groupe local sont eux aussi chaotiques. Nous observons que les galaxies les plus lointaines s'éloignent de nous, et que plus elles sont loin, plus elles s'éloignent rapidement. Cela signifie que l'Univers est en expansion dans notre voisinage. Les distances entre les différentes galaxies croissent avec le temps.

La preuve que cette expansion est régulière et non chaotique est donnée par un fond de rayonnement micro-onde que nous observons en provenance de l'espace intersidéral. Vous pouvez observer ce rayonnement en réglant votre télévision sur un canal inoccupé. Une petite partie des taches que vous voyez sur l'écran est due aux micro-ondes venues du cosmos. C'est le même type de rayonnement que celui qu'on utilise dans les fours à micro-ondes, mais à une très faible intensité. Celui-ci ne chauffe qu'à 2,7 degrés au-dessus du zéro absolu, ce n'est donc pas avec lui que vous pourriez réchauffer votre pizza surgelée. On pense que ce rayonnement est un vestige d'un état très chaud de l'Univers. Mais le plus remarquable, c'est que la quantité de rayonnement semble être quasiment la même dans toutes les directions. Ce rayonnement a été mesuré avec une grande précision par le satellite Cosmic Background Explorer. À partir de ces observations, on pourrait dresser une carte du ciel montrant les différentes températures de rayonnement. Celles-ci ne sont pas égales dans toutes les directions, mais les variations sont infimes : à peine un pour dix mille. Il doit nécessairement y avoir des différences dans les micro-ondes en provenance de différentes directions, parce que l'Univers n'est pas complètement lisse. Il existe des irrégularités locales, comme les étoiles, les galaxies et les amas de galaxies. Mais les variations du fond de rayonnement micro-onde sont aussi faibles qu'elles peuvent l'être, compte tenu des irrégularités locales que nous observons. À 99 999 ‰, le fond de rayonnement micro-onde est le même dans toutes les directions.

Autrefois, les gens croyaient que la Terre occupait le centre de l'Univers. Que le rayonnement soit le même dans toutes les directions ne les aurait donc pas surpris. Cependant, depuis Copernic, nous avons été rétrogradés au rang de planète mineure tournant autour d'une étoile très moyenne, dans la périphérie d'une galaxie typique qui n'est que l'une parmi la centaine de milliards que nous pouvons observer. Nous sommes devenus si modestes que nous ne revendiquons aucune position privilégiée dans l'Univers. Nous devons donc supposer que ce rayonnement est aussi le même dans toutes les directions autour de n'importe quelle autre galaxie. Ce n'est possible que si la densité moyenne de l'Univers et le taux d'expansion sont partout identiques. Toute variation dans la densité moyenne ou dans le taux d'expansion sur une vaste région donnerait un fond de rayonnement différent selon les directions. Cela signifie qu'à très grande échelle, le comportement de l'Univers est simple et non chaotique : il peut donc être prédit loin dans l'avenir.

L'expansion de l'Univers est tellement uniforme qu'on peut la décrire au moyen d'un seul nombre, la distance entre deux galaxies. Celle-ci s'accroît actuellement, mais on s'attendrait à ce que l'attraction gravitationnelle ralentisse le rythme de l'expansion. Si la densité de l'Univers est supérieure à une certaine valeur critique, l'attraction gravitationnelle finira par stopper l'expansion et l'Univers commencera à se recontracter. L'Univers s'effondrera vers un *big crunch*. Cela ressemblerait beaucoup au *big bang* par lequel il a débuté. Le *big crunch* serait ce qu'on appelle une singularité, un état de densité infinie, où les lois de la physique cesseraient de s'appliquer. Cela signifie que même s'il existait des événements après le *big crunch*, ce qui se produirait ne pourrait être prédit. Mais sans lien de causalité entre les événements, dire qu'un événement s'est produit après un autre n'a pas de sens. On pourrait aussi bien dire que notre Univers s'est achevé au *big crunch* et que tous les événements qui se sont produits « après » appartiennent à un autre univers. C'est un peu comme la réincarnation. Quelle signification peut-on accorder à l'affirmation qu'un nouveau bébé est la même personne qu'un mort, si le bébé n'hérite d'aucune des caractéristiques ou des souvenirs de sa vie antérieure ? On peut tout aussi bien dire que c'est une personne différente.

Si la densité moyenne de l'Univers est inférieure à la valeur critique, il ne se recontractera pas, mais poursuivra indéfiniment son expansion. Après un certain temps, la densité deviendra si faible que l'attraction gravitationnelle ne ralentira plus l'expansion de manière significative. Les galaxies continueront de s'éloigner les unes des autres à vitesse constante.

La question cruciale pour l'avenir de l'Univers est donc : quelle est sa densité moyenne ? Si elle est inférieure à la valeur critique, l'Univers poursuivra indéfiniment son expansion. Mais si elle est supérieure, l'Univers se recontractera, et le temps lui-même s'achèvera au *big crunch*. J'ai cependant certains avantages sur d'autres prophètes de malheur. Même si l'Univers doit se recontracter, je peux prédire en toute sûreté que son expansion ne s'achèvera pas avant au moins dix milliards d'années. Je ne pense pas être encore là pour être contredit.

Nous pouvons essayer d'estimer la densité moyenne de l'Univers à partir de nos observations. Si nous comptons les étoiles que nous voyons et additionnons leurs masses, nous trouvons moins d'1 % de la densité critique. Même si nous ajoutons la masse des nuages de gaz que nous observons dans l'Univers, le total n'arrive qu'à 1 % de la valeur critique. Cependant, nous savons que l'Univers doit aussi contenir de la matière invisible, que nous ne pouvons observer directement. Une preuve de l'existence de cette matière invisible est donnée par les galaxies spirales. Celles-ci sont d'énormes disques rassemblant des étoiles et des gaz. Nous observons qu'elles tournent autour de leur centre, et leur vitesse de rotation est si élevée qu'elles voleraient en éclats si elles ne contenaient que les étoiles et les gaz que nous y voyons. Il doit y avoir une forme invisible de matière dont l'attraction gravitationnelle suffit à maintenir la cohésion de la galaxie malgré les forces centrifuges.

Une autre preuve de l'existence de matière invisible se trouve dans les amas de galaxies. Nous observons que les galaxies ne sont pas uniformément distribuées à travers l'espace ; elles sont groupées en amas qui en rassemblent entre quelques-unes et plusieurs millions. On peut supposer que ces amas se sont formés parce que les galaxies s'attirent mutuellement au sein de ces groupes. Cependant, nous arrivons à mesurer la vitesse à laquelle les galaxies se déplacent au sein de ces amas. Nous trouvons qu'elles sont si élevées que les amas voleraient en éclats s'ils n'étaient soudés par l'attraction gravitationnelle. La masse nécessaire est là encore considérablement plus grande que la masse de toutes les galaxies, même si nous incluons la masse nécessaire pour assurer la cohésion des galaxies elles-mêmes. Il s'ensuit qu'il doit y avoir un supplément de matière invisible présent dans les amas en dehors des galaxies que nous y voyons.

On peut donner une assez bonne estimation de la quantité de matière invisible présente dans les galaxies et les amas pour lesquels nous disposons de preuves solides. Mais cette estimation ne nous amène qu'à 10 % environ de la densité critique nécessaire pour que l'Univers se recontracte. Ainsi, si l'on s'en remettait aux témoignages de l'observation, on prédirait un Univers en expansion indéfinie. Dans cinq milliards d'années environ, le Soleil épuiserait son combustible nucléaire. Il enflerait jusqu'à devenir ce qu'on appelle une « géante rouge » en avalant la Terre et les autres planètes proches. Puis, il se recomprimerait pour finir en naine blanche de quelques milliers de kilomètres de diamètre. Je prédis donc la fin du monde, mais pas pour tout de suite. Je ne pense pas que cette prédiction affecte trop la Bourse. Il est des problèmes plus pressants. En tout état de cause, avant que le Soleil n'explose, nous aurons maîtrisé l'art du voyage interstellaire, si tant est que nous ne nous soyons pas autodétruits avant.

Dans dix milliards d'années environ, la plupart des étoiles de l'Univers seront épuisées. Celles dont la masse est de l'ordre de celle du Soleil deviendront des naines blanches ou des étoiles à neutrons, qui sont encore plus petites et plus denses que les naines blanches. Les étoiles encore plus massives pourront devenir des trous noirs, lesquels sont encore plus petits et possèdent un champ gravitationnel si intense qu'aucune lumière ne peut s'en échapper. Cependant, ces vestiges continueront de tourner autour du centre de notre galaxie, avec une période d'environ cent millions d'années. Les quasi-collisions entre ces vestiges en expulseront quelques-uns hors de la galaxie. Les autres descendront vers des orbites plus basses et finiront par se rassembler pour former un trou noir géant au centre de la galaxie. Quelle que soit la matière invisible présente dans les galaxies et les amas, on peut aussi s'attendre à ce qu'elle tombe dans ces très grands trous noirs.

On peut donc supposer que l'essentiel de la matière présente dans les galaxies et les amas finira dans les trous noirs. Cependant, il y a quelque temps, j'ai découvert que les trous noirs n'étaient pas si noirs qu'on les présentait. Le principe d'incertitude de la mécanique quantique dit que les particules ne peuvent pas avoir à la fois une position et une vitesse bien définies. Plus grande est la précision avec laquelle la position d'une particule est définie, moins on peut définir précisément sa vitesse, et *vice versa*. Si une particule est dans un trou noir, sa position est alors bien définie. Cela signifie que sa vitesse ne peut être définie exactement. Il est donc possible que la vitesse de la particule soit supérieure à celle de la lumière. Cela lui permettrait d'échapper au trou noir. Particules et rayonnement vont ainsi filtrer lentement hors du trou noir. Un trou noir géant occupant le centre d'une galaxie ferait plusieurs millions de kilomètres de diamètre. Il y aurait donc une forte incertitude sur la position d'une particule à l'intérieur de ce trou noir. L'incertitude sur la vitesse de la particule serait donc très faible ; cela signifie qu'il faudrait beaucoup de temps à une particule pour quitter un tel trou noir. Mais elle le ferait tôt ou tard. Un gros trou noir occupant le centre d'une galaxie pourrait mettre dix puissance quatre-vingt-dix ans à s'évaporer et à disparaître complètement : un suivi de quatre-vingt-dix zéros. C'est bien plus que l'âge actuel de l'Univers, qui n'est que de dix puissance dix années : un suivi de dix zéros. Enfin, il y aura tout le temps si l'Univers doit connaître une expansion indéfinie.

L'avenir d'un univers en expansion indéfinie serait plutôt ennuyeux. Mais il n'est pas certain que notre Univers doive connaître ce sort. Nous n'avons de preuves solides que pour 10 % environ de la densité nécessaire pour causer la recontraction de l'Univers. Mais il pourrait exister d'autres espèces de matière invisible encore non détectées, qui pourraient hausser la densité moyenne de l'Univers jusqu'à la valeur critique ou au-dessus. Cette matière invisible additionnelle devrait se trouver en dehors des galaxies et des amas de galaxies. Sinon, nous aurions remarqué son effet sur la rotation des galaxies ou les mouvements des galaxies au sein des amas.

Pourquoi devrions-nous penser qu'il pourrait y avoir suffisamment de matière pour que l'Univers finisse par se recontracter ? Pourquoi ne pas s'en tenir simplement à la matière dont nous avons trouvé trace ? Parce qu'avoir même un dixième de la densité critique aujourd'hui nécessite un choix incroyablement pointu de la densité initiale et du taux d'expansion. Si la densité de l'Univers une seconde après le *big bang* avait été plus élevée d'une partie pour mille milliards, l'Univers se serait recontracté en dix ans. En revanche, si la densité de l'Univers avait été plus faible de la même quantité, l'Univers aurait été essentiellement vide dix ans après sa création.

Comment se fait-il que la densité initiale de l'Univers ait été choisie de manière aussi pointue ? Il existe peut-être des raisons pour lesquelles l'Univers a exactement la densité critique. Deux explications semblent possibles. L'une est le « principe anthropique », que l'on peut paraphraser ainsi : l'Univers est tel qu'il est parce que s'il était différent nous ne serions pas là pour l'observer. L'idée est qu'il pourrait y avoir de nombreux univers différents avec des densités différentes. Seuls ceux qui seraient suffisamment proches de la densité critique dureraient assez longtemps et contiendraient suffisamment de matière pour que des étoiles et des planètes s'y forment. Dans ces univers seulement existeraient des êtres intelligents pour se poser la question : pourquoi la densité de l'Univers est-elle si proche de la densité critique ? Si c'est l'explication de la densité actuelle de l'Univers, il n'y a pas de raison de croire que l'Univers contienne plus de matière que nous n'en avons déjà détecté. Un dixième de la densité critique suffirait à la formation de galaxies et d'étoiles.

Cependant, beaucoup de gens n'aiment pas le principe anthropique parce qu'il semble attacher trop d'importance à notre propre existence. On a donc cherché d'autres types d'explication au fait que la densité doive être proche de la valeur critique. Cette recherche a conduit à la théorie de l'inflation aux premiers temps de l'Univers. L'idée est que la taille de l'Univers aurait pu doubler régulièrement de la même manière que les prix doublent en quelques mois dans les pays qui subissent une inflation extrême. Cependant, l'inflation de l'Univers aurait été beaucoup plus rapide et extrême : un accroissement d'un facteur d'au moins un milliard de milliards de milliards, pour une faible inflation, aurait amené l'Univers à être si proche de la densité critique exacte qu'il en serait toujours très proche aujourd'hui. Ainsi, si la théorie de l'inflation est correcte, l'Univers doit contenir suffisamment de matière invisible pour amener la densité à la valeur critique. Cela signifie que l'Univers devrait probablement finir par se recontracter, mais pas durant plus longtemps que les quinze milliards d'années environ durant lesquelles il a déjà été en expansion.

De quoi pourrait être constitué ce supplément de matière invisible qui devrait être présent si la théorie de l'inflation est correcte ? Il semble qu'elle soit probablement différente de la matière normale, celle qui constitue les étoiles et les planètes. Nous pouvons calculer les quantités des divers éléments légers qui auraient été produits dans l'Univers primordial, durant les trois minutes qui ont suivi le *big bang.* Les quantités de ces éléments légers dépendent de la quantité de matière normale présente dans l'Univers. On peut dessiner des diagrammes en plaçant les quantités d'éléments légers verticalement et la quantité de matière normale selon l'axe horizontal. On obtient une bonne concordance avec les abondances observées si la quantité totale de matière normale est de l'ordre du dixième de la quantité critique pour aujourd'hui. Il se pourrait que ces calculs soient faux, mais le fait que nous trouvons les abondances observées pour plusieurs éléments différents est assez convaincant.

S'il existe une densité critique de matière invisible, les principaux candidats pour celle-ci seraient les résidus des premiers stades de l'Univers. L'une des possibilités, ce sont les particules élémentaires. Il y a plusieurs candidats hypothétiques : ce sont des particules dont nous pensons qu'elles pourraient exister mais que nous n'avons pas effectivement détectées. Mais le candidat le plus prometteur est une particule pour laquelle nous avons de sérieux indices, le neutrino. On pensait que le neutrino ne possédait pas de masse, mais certaines observations récentes ont suggéré qu'il pourrait avoir une faible masse. Si cela se confirme et qu'elle est de la bonne valeur, les neutrinos fourniraient suffisamment de masse pour amener la densité de l'Univers à la valeur critique.

Les trous noirs représentent une autre possibilité. Il est possible que l'Univers ait connu à ses tout débuts ce que l'on appelle une « transition de phase ». La transformation de l'eau en vapeur ou en glace est un exemple de transition de phase. Dans une transition de phase, un milieu initialement uniforme, comme l'eau, développe des irrégularités, qui dans le cas de l'eau peuvent être des morceaux de glace ou des bulles de vapeur. Ces irrégularités peuvent s'effondrer pour former des trous noirs. Si les trous noirs étaient très petits, ils seraient aujourd'hui évaporés à cause des effets du principe d'incertitude de la mécanique quantique, comme on l'a vu plus haut. Mais s'ils étaient supérieurs à quelques milliards de tonnes (la masse d'une montagne), ils seraient toujours présents aujourd'hui et seraient très difficiles à détecter.

La seule manière dont nous pourrions détecter de la matière invisible uniformément distribuée dans tout l'Univers serait d'observer son effet sur l'expansion de l'Univers. On peut déterminer la vitesse à laquelle l'expansion se ralentit en mesurant la vitesse à laquelle les galaxies lointaines s'éloignent de nous. Ce qui est intéressant, c'est que nous voyons ces galaxies dans un passé lointain, au moment où la lumière les a quittées pour son long voyage jusqu'à nous. On peut dresser un graphique de la vitesse des galaxies rapportée à leur luminosité apparente ou magnitude, qui est une mesure de leur éloignement. Différentes lignes de ce graphe correspondent à différents taux de ralentissement de l'expansion. Une courbe qui remonte correspond à un univers qui se recontractera. À première vue, les observations semblent indiquer une recontraction. Mais le problème, c'est que la luminosité apparente d'une galaxie n'est pas un très bon indicateur de son éloignement. Non seulement il existe des variations considérables dans la luminosité intrinsèque des galaxies, mais il apparaît aussi que leur luminosité varie avec le temps. Ne sachant quelle marge d'erreur attribuer à l'évolution de la luminosité, nous ne pouvons dire quel est le rythme du ralentissement : nous ne savons pas s'il est suffisamment important pour que l'Univers finisse par se recontracter ou si l'expansion se poursuivra indéfiniment. Pour cela, il faudra attendre que nous possédions des moyens plus fiables de mesurer l'éloignement des galaxies. Mais nous pouvons être assurés que le taux de ralentissement est tel que l'Univers ne risque pas de se recontracter avant quelques milliards d'années.

Ni expansion indéfinie ni recontraction à brève échéance : cela nous laisse bien des perspectives. N'y a-t-il pas des choses à faire pour rendre l'avenir plus intéressant ? Une solution qui ne manquerait pas de piquant serait de nous propulser vers un trou noir. Ce devrait être un très gros trou noir, plus d'un million de fois la masse du Soleil. Mais il y a de bonnes chances pour qu'il y ait un trou noir de cette taille au centre de notre galaxie.

Nous ne savons pas très bien ce qui se passe dans un trou noir. Certaines solutions des équations de la relativité générale permettraient de tomber dans un trou noir pour ressortir ailleurs d'un trou blanc. Un trou blanc est l'inverse temporel d'un trou noir. C'est un objet dont on peut sortir, mais où rien ne peut tomber. Le trou blanc pourrait se trouver dans une autre partie de l'Univers. Cela semble offrir la possibilité d'un déplacement intergalactique rapide. Le problème est que cela risque de l'être trop. S'il était possible de voyager à travers les trous noirs, il semble que rien ne vous empêcherait d'arriver avant d'être parti. Vous pourriez alors faire un geste, comme de tuer votre mère, vous ne pourriez plus partir faute d'exister.

Cependant, heureusement pour notre survie (et celle de nos mères), il semble que les lois de la physique interdisent de voyager ainsi dans le temps. On dirait qu'il existe un organe de protection de la chronologie qui rend le monde sûr pour les historiens en interdisant les voyages dans le passé. Le mécanisme est, semble-t-il, que les effets du principe d'incertitude provoqueraient une forte émission de rayonnement si l'on voyageait dans le passé. Soit ce rayonnement tordrait l'espace-temps au point qu'il serait impossible de revenir, soit il mettrait un terme à l'espace-temps en une singularité identique au *big bang* et au *big crunch*. D'une manière ou d'une autre, notre passé serait à l'abri des personnes malintentionnées. L'hypothèse de protection de la chronologie a été étayée par des calculs récemment effectués par moi-même et par d'autres. Mais la meilleure preuve que nous ayons que le voyage dans le temps n'est pas possible et ne le sera jamais, c'est que nous n'avons pas été envahis par des hordes de touristes venus du futur.

En résumé, les scientifiques pensent que l'Univers est régi par des lois bien définies qui permettent en principe de prédire l'avenir. Mais le mouvement donné par les lois est souvent chaotique. Cela signifie qu'un faible changement dans la situation initiale peut susciter des changements rapidement croissants dans le comportement ultérieur. Ainsi, en pratique, on ne peut faire de prédictions exactes qu'à très courte échéance. Cependant, le comportement de l'Univers à très large échelle semble être simple et non chaotique. On peut donc prédire si l'Univers doit poursuivre indéfiniment son expansion ou s'il finira par se recontracter. Cela dépend de la densité actuelle de l'Univers. En fait, la densité actuelle semble très proche de la valeur critique qui sépare la recontraction de l'expansion indéfinie. Si la théorie de l'inflation est correcte, l'Univers est sur le fil du rasoir. Je suis donc la tradition de prudence bien établie chez les oracles et les prophètes en prédisant une chose... et son contraire.

Glossaire [1]

Antiparticule : particule possédant des attributs opposés à la particule correspondante (par exemple, le positon ou antiélectron a une charge positive). Lorsqu'une particule rencontre une telle antiparticule, elles s'annihilent, ne laissant que de l'énergie.

Atome : élément de construction dont est formée la matière de tous les jours. Les atomes sont constitués d'un noyau abritant des protons et des neutrons, et environné d'un nuage d'électrons.

Big bang : singularité au commencement de l'univers, quand tout l'univers se trouvait dans un état de densité et de température infinies.

Big crunch : singularité à la fin de l'univers qui résulterait de son effondrement. La densité et la température y seraient infinies.

Cosmologie : étude de l'univers dans son intégralité.

Deuxième loi de la thermodynamique : selon cette loi, la quantité de désordre, ou d'entropie, contenue dans l'univers augmente avec le temps, pourvu que ce système soit isolé.

Électron : particule élémentaire généralement localisée autour du noyau d'un atome. Il appartient à une famille de particules de

---

1. Ce glossaire est une version légèrement modifiée de celui qui figure dans l'édition anglaise originale de *Qui êtes Mister Hawking* ? Il est repris avec l'autorisation de Bantam Books.

matière de faible masse appelées leptons (particules légères), et a une charge électrique de -1.

Espace-temps : représentation en quatre dimensions de l'univers, qui unit les trois dimensions spatiales et l'unique dimension temporelle. L'espace-temps courbe est utilisé dans la théorie générale de la relativité pour décrire la gravitation.

Entropie : mesure du désordre d'un système, qui, selon la deuxième loi de la thermo-dynamique, doit toujours augmenter.

Étoile à neutrons : étoile qui est devenue si dense que sa gravitation est suffisamment forte pour que la plupart des électrons et des protons présents se combinent et deviennent des neutrons.

Fonction d'onde : distribution qui décrit à chaque instant la probabilité de trouver une particule en des points différents.

Fonction d'onde de l'univers : distribution qui décrit la probabilité de trouver différentes formes de l'univers à un instant donné.

Fréquence : pour une onde électromagnétique, nombre de crêtes qui défilent par seconde. Plus la fréquence est élevée, plus l'énergie du photon est grande.

Gravitation quantique : théorie qui unifie la mécanique quantique et la relativité généralisée.

Horizon d'événements : frontière d'un trou noir. Une fois la frontière franchie, il est impossible d'échapper d'un trou noir.

Hypothèse de l'absence de frontières : hypothèse selon laquelle l'espace et le temps imaginaire forment ensemble une surface d'étendue finie mais qui n'a ni frontières ni bords. Selon cette hypothèse, l'espace-temps serait comme la surface de la terre, mais avec deux dimensions supplémentaires.

Inflation : période d'expansion accélérée dont on pense qu'elle s'est produite dans l'univers très précoce.

Mécanique classique : système de lois où chaque objet a une position et une vitesse définies. Elle a aujourd'hui été supplantée par la mécanique quantique, où les objets n'ont pas de position ni de vitesse parfaitement définie.

Mécanique quantique : système de théories où les particules n'ont pas de position ni de vitesse définies avec exactitude, mais où elles se comportent sous de nombreux aspects comme des ondes. De même, les ondes telles que la lumière se comportent comme des particules sous de nombreux aspects.

Micro-onde : rayonnement ayant une longueur d'onde d'environ un centimètre.

Naine blanche : étoile qui a atteint un état stable, en ce qu'elle n'est pas suffisamment massive pour que la gravitation devienne assez forte pour contrer la résistance des électrons et la forcer à s'effondrer sur elle-même.

Neutron : particule non élémentaire qui n'a pas de charge électrique, et que l'on trouve habituellement dans le noyau d'un atome. Il est constitué de particules élémentaires appelées quarks.

Ondes radio : manifestations électromagnétiques de même nature que la lumière visible mais de longueur d'ondes plus grandes, de l'ordre du centimètre, du mètre ou du kilomètre.

Particules élémentaires : particules qui n'ont pas de structure interne. Elles entrent dans les catégories de particules de matière ou de particules transportant une force. Chaque type de particule de matière est associé à un type d'anti-particule.

Particule virtuelle : le principe d'incertitude de la mécanique quantique permet à l'énergie de fluctuer autour d'une moyenne, pendant des périodes de temps brèves. Plus la fluctuation est grande, plus brève est sa durée autorisée. Les particules créées à partir de telles fluctuations d'énergie sont appelées particules virtuelles, et elles s'annihilent quand l'énergie doit être restituée.

Photon : quantum de lumière.

Principe d'incertitude : principe qui énonce qu'on ne peut jamais être complètement sûr à la fois de la position et de la vitesse d'une particule ; plus on connaît l'une avec précision, moins on peut connaître l'autre avec précision.

Proton : particule non élémentaire que l'on trouve habituellement dans le noyau d'un atome. Il a une charge électrique de +1, et il est composé de particules élémentaires appelées quarks.

Pulsar : étoile à neutrons en rotation qui émet des bouffées d'ondes radio.

Quasar : objet d'apparence stellaire que l'on pense constitué d'un énorme trou noir avalant de grandes quantités de matière. La matière devient très chaude et émet une grande quantité d'énergie sous forme de rayons X avant de tomber à l'intérieur du trou noir. Les quasars sont extrêmement éloignés, mais on peut les observer parce qu'ils sont très puissants.

Radiotéléscope : téléscope sensible aux ondes radio. Parmi les radiosources, on compte les quasars et les galaxies.

Rayonnement cosmique : particules de matière de haute énergie, provenant de l'espace, qui voyagent à une vitesse proche de celle de la lumière.

Rayonnement gamma : photon d'énergie très élevée. Un rayon gamma typique a une longueur d'onde d'environ 0,0000000001 mètre.

Rayonnement de Hawking : particules et rayonnement émis à partir des horizons des événements de trous noirs. Plus le trou noir est petit, plus grande est la quantité de rayonnement de Hawking.

Rayonnement micro-onde du fond du ciel : rayonnement dans la région micro-onde du spectre électromagnétique. Il se propage uniformément à travers l'univers dans toutes les directions. Ce rayonnement du fond du ciel est un résidu de l'énorme chaleur provoquée par le *big bang*, et il est donc considéré comme une confirmation de la théorie.

Relativité générale : deuxième théorie de la relativité d'Einstein (1916), qui énonce que la gravitation résulte de distorsions dans la géométrie de l'espace-temps et qui établit que les champs gravitationnels modifient les mesures de temps et de distance.

Relativité restreinte : première théorie de la relativité d'Einstein (1905), qui dit que la lumière se déplace toujours à une vitesse constante, et que la vitesse de la lumière est une constante absolue indépendante du mouvement de l'observateur. Cette théorie unifiait l'espace et le temps en un espace-temps plat, à quatre dimensions, mais ne décrivait pas les effets de la gravitation.

Singularité : point de l'espace-temps de courbure infinie, où l'espace-temps se termine. La théorie générale de la relativité classique prédit que des singularités vont se produire, mais elle ne peut pas décrire ce qui se passe au niveau d'une singularité, parce que la théorie s'effondre à ce niveau.

Téléscope optique : téléscope sensible à la lumière visible à l'œil humain.

Temps imaginaire : temps introduit dans les équations comme un nombre imaginaire, c'est-à-dire comme un nombre multiple de la racine carrée de -1.

Théorie de l'état stationnaire : théorie cosmologique, maintenant en grande partie discréditée, selon laquelle de la matière nouvelle est formée dans l'espace en expansion entre les galaxies existantes.

Thermodynamique : branche de la physique qui s'intéresse à la chaleur et à d'autres formes d'énergie.

Trou noir : région de l'espace-temps d'où rien ne peut s'échapper, parce que la gravitation est trop forte. Même la lumière se propage trop lentement pour échapper ; cette région n'émet donc aucun rayonnement et paraît noire. Mais le principe d'incertitude de la mécanique quantique permet à des particules et à des rayonnements de filtrer du trou noir.

Index

Table des matières

Imprimé par Lightning Source France
1 avenue Gutenberg
78310 Maurepas

N° d'édition : 7381-0227-Y